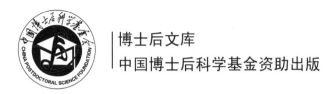

博士后文库

中国博士后科学基金资助出版

轧钢过程数据驱动故障诊断与质量预报方法研究

——基于多元统计方法

石怀涛 著

U0200358

科学出版社

北京

内 容 简 介

本书以提高轧钢机械系统运行可靠性为原则，从降低故障诊断率和维修成本的角度出发，本着理论性与实际性相结合的原则，全面系统地分析轧钢过程工艺、主要机械设备组成、轧钢过程主要故障类型，以及轧钢过程故障特性。本书针对其数据及振动信号特点和过程特性，深入研究轧钢过程的状态监测、故障分离、故障识别及质量预报方法，并用大量篇幅详细介绍了基于多元统计方法的轧钢设备故障诊断和质量预报的各种新技术和新方法，具有很好的理论价值和实用价值。

本书可供轧钢设备维护与故障诊断、数据驱动技术等领域的研究人员和工程技术人员阅读，也可作为高等院校相关专业研究生及高年级本科生的参考书。

图书在版编目(CIP)数据

轧钢过程数据驱动故障诊断与质量预报方法研究：基于多元统计方法/石怀涛著. —北京：科学出版社，2019.10

（博士后文库）

ISBN 978-7-03-060102-5

Ⅰ. ①轧…　Ⅱ. ①石…　Ⅲ. ①统计方法-应用-轧机-故障诊断　②统计方法-应用-轧机-产品质量-预报　Ⅳ. ①TG333

中国版本图书馆 CIP 数据核字（2018）第 292100 号

责任编辑：姜　红　韩海童／责任校对：杨聪敏
责任印制：吴兆东／封面设计：无极书装

科 学 出 版 社 出版

北京东黄城根北街 16 号
邮政编码：100717
http://www.sciencep.com

中国科学院印刷厂 印刷

科学出版社发行　各地新华书店经销

*

2019 年 10 月第 一 版　开本：720×1000　1/16
2019 年 10 月第一次印刷　印张：10 1/4
字数：207 000

定价：99.00 元
（如有印装质量问题，我社负责调换）

《博士后文库》编委会名单

《博士后文库》序言

　　1985 年，在李政道先生的倡议和邓小平同志的亲自关怀下，我国建立了博士后制度，同时设立了博士后科学基金。30 多年来，在党和国家的高度重视下，在社会各方面的关心和支持下，博士后制度为我国培养了一大批青年高层次创新人才。在这一过程中，博士后科学基金发挥了不可替代的独特作用。

　　博士后科学基金是中国特色博士后制度的重要组成部分，专门用于资助博士后研究人员开展创新探索。博士后科学基金的资助，对正处于独立科研生涯起步阶段的博士后研究人员来说，适逢其时，有利于培养他们独立的科研人格、在选题方面的竞争意识以及负责的精神，是他们独立从事科研工作的"第一桶金"。尽管博士后科学基金资助金额不大，但对博士后青年创新人才的培养和激励作用不可估量。四两拨千斤，博士后科学基金有效地推动了博士后研究人员迅速成长为高水平的研究人才，"小基金发挥了大作用"。

　　在博士后科学基金的资助下，博士后研究人员的优秀学术成果不断涌现。2013年，为提高博士后科学基金的资助效益，中国博士后科学基金会联合科学出版社开展了博士后优秀学术专著出版资助工作，通过专家评审遴选出优秀的博士后学术著作，收入《博士后文库》，由博士后科学基金资助、科学出版社出版。我们希望，借此打造专属于博士后学术创新的旗舰图书品牌，激励博士后研究人员潜心科研，扎实治学，提升博士后优秀学术成果的社会影响力。

　　2015 年，国务院办公厅印发了《关于改革完善博士后制度的意见》（国办发〔2015〕87 号），将"实施自然科学、人文社会科学优秀博士后论著出版支持计划"作为"十三五"期间博士后工作的重要内容和提升博士后研究人员培养质量的重要手段，这更加凸显了出版资助工作的意义。我相信，我们提供的这个出版资助平台将对博士后研究人员激发创新智慧、凝聚创新力量发挥独特的作用，促使博士后研究人员的创新成果更好地服务于创新驱动发展战略和创新型国家的建设。

　　祝愿广大博士后研究人员在博士后科学基金的资助下早日成长为栋梁之才，为实现中华民族伟大复兴的中国梦做出更大的贡献。

杨卫

中国博士后科学基金会理事长

前　言

　　为了提高轧钢企业的社会效益和经济效益，保证现场工作人员的人身安全，针对轧钢过程的故障诊断和质量预报方法的研究逐渐成为人们关注的焦点，每年都有大量针对故障诊断及质量预报理论与技术的文献发表。该类方法通常是采取监测生产过程的状态变化和故障信息，故障产生后能够迅速隔离故障源，识别故障以及预测产品质量等手段，防止灾难性事故的发生，减少产品质量的波动，提高产品的竞争力。故障诊断技术既能保证生产过程安全可靠的运行，又能获得巨大的经济效益。

　　轧钢过程是一种连续生产过程，其状态和性能的稳定性直接关系日常生产能否顺利进行和钢铁产量能否进一步提高、产品质量能否进一步改善。虽然目前轧钢过程的自动化程度已达到了一个较高水平，设备的可靠性也有显著提高，但是由于实际运行过程中各个方面的影响，破坏轧钢过程安全正常运行的故障时有发生，带来了巨大的经济损失。近年来，随着产量的提高，国内外轧钢过程曾多次发生一些零部件的破坏，有相当多的轧钢过程相继出现了一系列重大设备事故，造成了极其严重的社会影响和重大的经济损失。例如，某轧钢过程的故障造成整条生产线的非计划停机，时间长达 3 天，经济效益损失高达 700 多万元。美国钢铁公司某工厂 1170mm 粗轧机在一年内断了 5 根万向接轴，每根接轴的造价为 4 万多美元。鞍山钢铁集团有限公司宽厚板厂四辊轧机的两根万向接轴发生断裂。南京钢铁集团有限公司中板厂轧钢过程在生产中发生联轴器突然断裂事故，造成重大的经济损失。美国伯利恒钢铁公司 1371mm 粗轧机主电机马达升高片发生振动断裂事故，最后被迫停产更换电机。宝山钢铁股份有限公司轧钢分厂因中速齿轴轴承外圈油槽部位断裂且齿面有局部剥落而被迫停产更换齿轴及轴承。某钢厂 1580 热连轧机组投产多年，产能不断提高，由于构件磨损、元件老化、参数漂移等原因，影响产品的质量及产量，每年更换零件与停产而导致的经济损失高达 200 多万元。某钢厂发生一起惨烈的轧钢事故，在 2 号盘卷机入口处发生了卷钢脱卷事故，造成多人伤亡。目前，多数钢铁企业已经意识到轧钢过程的在线故障诊断的重要性和必要性，很多企业纷纷研发轧钢过程的故障诊断系统。

　　近 10 年来，轧钢机的状态监测和故障诊断得到快速的发展。国内外广大科技工作者和轧钢企业纷纷致力于轧钢机状态监测和故障诊断的研究。

　　本书是作者在长期从事轧钢机状态监测和故障诊断科研和教学工作，并总结国内外 10 余年研究成果的基础上，结合沈阳建筑大学旋转机械状态监测和故障诊断课题组多年的科研和教学成果整理而成的。

在本书写作过程中，沈阳建筑大学袁哲副教授对书稿进行了反复审改，在此对其鼎力支持表示诚挚的感谢。本书的出版得到了沈阳建筑大学吴玉厚教授、张丽秀教授、白晓天博士，东北大学刘建昌教授、李鹤教授，西安交通大学雷亚国教授，华东理工大学谭帅副教授等的大力支持，以及郭磊、赵继宗、刘子濛、郭瑾、周乾、宋文丽等研究生的大力协助，没有他们的帮助，本书很难及时完成。在此，对他们为本书所做的贡献表示衷心的感谢。

本书在写作过程中参考了大量的文献资料，具体文献条目已列于书末的参考文献。

本书从构思、资料搜集与整理到正式出版，耗时 3 年多。其间轧钢过程状态监测和故障诊断技术飞速发展，各种理论、方法与技术不断涌现，诊断手段不断更新。随着课题研究的不断深入，作者所在课题组也有不少新的成果出现。尽管作者试图将整本书尽可能完美地呈现给读者，但由于作者水平有限，书中欠缺之处在所难免，衷心希望读者不吝赐教。

石怀涛

2018 年 11 月于沈阳

目　　录

第1章 绪　　论

1.1　引　　言

随着科技的不断发展，机械设备正朝着高速化、自动化及智能化的方向发展，也使得工业生产过程的自动化程度越来越高。绝大多数的工业过程都是在极其恶劣的环境下运行的，比如高温、高压、强振动、强电磁波等，并且易发生设备损坏或系统瘫痪导致生产中断的情况。生产设备或系统如发生故障，会导致产品质量降低、设备维修费用增加、生产成本增加、现场工作人员的人身安全受到威胁等严重后果。因此对机械设备和生产过程进行状态监测、故障诊断及质量预报具有极为重要的研究意义，引起了企业和学术界越来越多的关注[1]。

1.2　本书涉及的基本概念

故障诊断和质量预报方法可以根据在线监测的信息特征判别系统的工况状态，及时发现故障，分析故障原因和故障类型，并对产品质量进行预报，从而指导生产操作，提高生产效率，防患于未然[2]。

故障诊断和质量预报方法是一门综合性的技术，涉及多门学科，如现代控制理论、可靠性设计、多元统计理论、模糊集理论、信号处理、模式识别、人工智能等。故障诊断和质量预报的任务，由低级到高级，可分为状态监测、故障分离、故障识别及质量预报四个方面的内容[3]。

状态监测（condition monitoring）：根据在线监测到的信息特征判断工业过程或者设备的工作状态，判断系统是否有故障发生，如果系统发生故障，能够给出相应的报警信息，进而采取适当的处理措施，使损失降至最小。状态监测只是故障诊断的初级阶段，也是进行故障诊断和质量预报的基础。

故障分离（fault isolation）：一旦故障被检测出来，下一步就需要查出产生故障的原因，分离出与故障关联最大的过程变量，从而指导现场操作人员及时掌握故障原因，缩小故障范围。对于比较简单的故障，可以直接分离出故障部位。对于比较复杂的故障，还需要对故障进行进一步的分析，辨别出引起故障的变量，对故障进行分离[4]。

故障识别（fault identification）：故障识别是通过分析故障的信息特征并与历

史数据库中的故障特征相匹配，从而识别故障的类型、发生时间和位置，并确定故障的严重程度。故障识别是比故障分离更高层次的诊断行为，同时它需要付出比故障分离更大的代价[4]。

质量预报（quality prediction）：质量预报又称质量预测，其基本思想是对于那些难以测量或者暂时不能测量的主要变量（primary variable），选择一组与主导变量相关的可测变量（二次变量，secondary variable），通过构造某种数学关系来推断和估计主导变量。质量预报值可作为控制系统的被控变量或反应过程特征的工艺参数，为优化控制和管理决策提供重要信息[4]。图 1.1 是故障诊断和质量预报系统示意图。

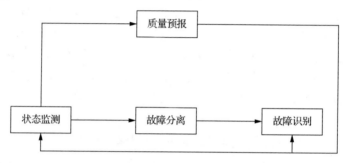

图 1.1　故障诊断和质量预报系统示意图

1.3　故障诊断发展现状和研究现状

1.3.1　故障诊断技术的发展现状

故障诊断技术起源于 19 世纪产业革命时期。纵观其发展的历史过程，经历了原始诊断、基于材料寿命分析与估计的诊断、基于传感器与计算机技术的诊断、智能化诊断四个阶段。就世界范围来看，美国是最早研究故障诊断技术的国家。早在 19 世纪末 20 年代初，在美国国家航空航天局和海军研究院的倡导和组织下，开始有计划地对故障诊断技术分专题进行研究。在此期间，很多学术机构、政府部门以及高等院校和企业都参与或进行了与故障诊断技术的相关研究，并取得了大量的成果。目前美国的故障诊断技术在航空航天、军事、核能等尖端技术领域仍处于领先地位[2]。故障诊断技术的研究在我国起步较晚，在 20 世纪 70 年代末期开始。对其广泛的研究则从 20 世纪 80 年代开始发展，尽管我国故障诊断技术的研究起步较晚，但发展较快。目前，故障诊断技术在我国的化工、冶金、电力、铁路等行业得到了广泛的应用，取得了可喜的成果[4]。

故障诊断技术的研究，重点不仅在于故障本身，还在于诊断方法。国际故障诊断理论权威 P. M. Frank 教授在 1990 年提出可以将所有故障诊断方法划分为三类：基于数学模型的方法、基于知识的方法和基于信号处理的方法。但是故障诊断技术经过 40 余年的发展，内涵逐渐丰富，出现了很多以上分类范围之外的方法，尤其流程工业中发展起来的新方法更是如此[1]。例如与多变量统计学有关的方法，包括单变量控制图、主成分分析（principal component analysis，PCA）、偏最小二乘（partial least squares，PLS）、费希尔判别分析（Fisher discriminant analysis，FDA）等方法，归为基于信号处理的范畴并不恰当，归为基于知识的方法也不准确，因此许多学者提出了新的划分方法[5]。文献[5]将故障诊断方法分成三种类型，基于定量模型的方法、基于定性模型的方法和基于历史过程数据的方法。目前针对故障诊断的研究多集中在诊断算法本身，而针对具体工业过程的诊断算法研究方兴未艾。由于轧钢过程的复杂性和多样性，基于轧钢过程的故障诊断方法也多种多样。一般来讲，主要有基于定性分析的方法和定量分析的方法等[1]。

1.3.2　轧钢过程故障诊断的研究现状

由于轧钢过程建模的复杂性以及实际过程中存在非线性、动态性和不确定性等，因此轧钢过程属于典型的复杂工业过程，对其进行故障诊断要比一般的工业过程复杂得多[6]。到 21 世纪初为止，在轧钢过程中故障诊断技术的应用和研究主要是对轧钢过程中一些重要的设备和特定故障进行的。而且还做了很多限制和假设条件，其研究结果具有很大的局限性和保守性。因此，针对轧钢过程工艺特性和故障特点，深入研究轧钢过程的故障诊断方法具有重要的意义[3]。

目前，有关轧钢过程的故障诊断方法大致有基于定性分析的故障诊断方法和基于定量分析的故障诊断方法。

1. 基于定性分析的故障诊断方法

基于定性分析的故障诊断方法主要包括基于专家系统的故障诊断方法、基于图论的故障诊断方法、基于案例推理的故障诊断方法、基于模糊逻辑理论的故障诊断方法及基于灰色系统理论的故障诊断方法等。

（1）基于专家系统的故障诊断方法。

专家系统是根据专家长期的实践经验和大量的故障信息知识，采取一定的搜索策略，设计出的一套智能判别方法，以此来解决复杂控制系统的故障诊断问题[4]。Bergman[7]最早将专家系统应用于废水反应器的故障诊断。针对轧钢过程，Gale 等[8]将专家系统应用于热连轧机组的振动分析和诊断。Svolou 等[9]针对多机架热连轧设备，设计了专家系统模型，该模型可以用来协助工程师进行轧钢过程的故障诊断。Zhong 等[10]结合智能故障诊断方法，建立了轧制过程大系统故障检测和质量预报的智能专家系统。Yao 等[11]将专家系统和现有的监控系统相结合，提出一种新的优化方法来控制轧件在均热炉里的加热时间。汪曙峰[12]研究了基于精轧生产过程诊断方法的分布式专家系统。袁林忠等[13]通过对液压自动厚度控制系统的分析，研究了冷轧机专家系统故障诊断的关键技术，给出了正向推理和逆向推理两种推理方法。

基于专家系统的故障诊断方法利用专家丰富的知识，并将专家知识形式化，使一般操作工人可以借助于专家系统达到或接近专家的工作水平，得到了广泛的应用。但是专家系统方法在轧钢过程的故障诊断应用中也存在不足，主要表现为故障知识获取困难，知识规则很多，易产生规则"匹配冲突""组合爆炸""无穷递归"等问题[4]。

（2）基于图论的故障诊断方法。

基于图论的故障诊断方法主要包括基于符号有向图的故障诊断方法和基于故障树的故障诊断方法。

基于符号有向图的故障诊断方法是一种复杂系统故障诊断建模的方法。它以各子系统间的有向信息流图为依据，建立故障依赖矩阵。Maurya等[14]、Sung等[15]、Vedam等[16]针对符号有向图的复杂工业过程故障诊断做了大量的研究。

基于故障树的故障诊断方法是一种将系统故障的形成原因由总体到部分按树枝形状逐级细化的分析方法，因而对轧钢过程这种复杂工业过程进行故障诊断研究是非常有效的。Caceres等[17]最早提出了由系统结构框图建立故障树的方法并用于处理故障诊断问题。

针对轧钢过程，只有少数文献报道了基于图论的故障诊断方法，且主要集中在基于故障树的故障诊断方法，这是因为轧钢过程是一种大规模复杂工业过程，某些故障是不可重现的，因而获取足够的先验信息比较困难，所以基于有向图的轧钢过程故障诊断目前鲜有研究[2]。初晓旭等[18]为了解决液压厚度自动控制系统故障隐蔽性、多样性、复杂性和难于判断性的问题，建立了液压厚度自动控制系统的故障树，技术人员可以根据故障树快速地诊断故障部位，并排除故障。蔡德辉[19]建立了张力控制系统设备的故障与其症状之间的故障树。

（3）基于案例推理的故障诊断方法。

基于案例推理的故障诊断方法是根据其特征和症状，从案例库中检索出与该对象的诊断问题最相似的匹配案例。基于案例推理的故障诊断方法适用于知识易表示成案例形式并且已积累了丰富案例的领域[20]。文献[21]采用案例推理的方法为活套液压系统故障诊断提供了一种新的技术参考手段。文献[22]针对轧钢过程故障特点开发出了基于案例推理的轧钢过程故障诊断系统。但是，基于案例推理的故障诊断方法存在难以选择症状、权重，以及难以解释诊断结果等问题，所以在轧钢过程的应用比较少。

（4）基于模糊逻辑理论的故障诊断方法。

基于模糊逻辑理论的故障诊断方法是一种智能化诊断方法，该方法通过适当地运用隶属函数和模糊规则进行模糊推理，从而实现故障诊断。针对轧钢过程，文献[19]采用基于模糊逻辑推理方法对张力控制系统设备故障进行了诊断，诊断结果证明该方法行之有效。

（5）基于灰色系统理论的故障诊断方法。

基于灰色系统理论的故障诊断方法根据待检模式与参考模式之间的接近程度，采用灰色系统理论的关联度分析方法进行故障诊断，该方法将一台大型机器或设备看作一个复杂的灰色系统，从而解决机械设备故障和征兆之间的不确定和耦合问题。从 20 世纪 90 年代起，灰色系统理论被逐渐应用于各种设备故障诊断中，该方法特别适用于液压设备故障的快速诊断[23]。文献[24]对轧机系统的状态监测与故障诊断系统进行了系统的规划，初步探讨了灰色理论在轧钢过程故障诊断方面的应用。文献[25]运用灰色理论中的灰色关联分析方法进行液压系统的故障诊断研究。目前针对灰色理论的轧钢过程故障诊断研究还比较少，但是该方法非常适合对液压系统故障诊断，将该方法应用于轧钢过程液压系统的故障诊断将有较为广阔的前景。另外，很多学者将灰色理论应用于轧制工艺参数优化研究以及力学性能和产品质量的预测[26-28]，这为灰色系统理论在轧钢过程中的应用又提供了新的思路。

2. 基于定量分析的故障诊断方法

基于定量分析的故障诊断方法包括基于解析模型的故障诊断方法、基于信号处理的故障诊断方法、基于信息融合的故障诊断方法、基于机器学习的故障诊断方法及基于多元统计的故障诊断方法等[29]。

（1）基于解析模型的故障诊断方法。

基于解析模型的故障诊断方法是最早发展起来的故障诊断方法，它通过比较被诊断对象的可测信息和模型表达的系统先验信息得到残差，并对残差进行分析和处理，从而实现故障诊断[30]。基于解析模型的故障诊断方法主要包括参数估计方法、状态估计方法和等价空间方法[31]。

针对轧钢过程，Lou[32]、Afshari[33]分析了轧钢过程传动系统的齿轮故障机理，通过对振动信号处理，建立动态解析模型并设计故障检测滤波器，从而实现弱信号的故障检测以及不同类型故障的分类和诊断。Gu 等[34]设计了估计正常输入引起的系统输出和估计故障引起的系统输出两个观测器结构，通过对观测器的状态估计，实现了薄带可逆轧钢过程支承辊偏心故障的诊断，并取得很好的诊断效果。Theilliol[35]设计了一种基于滤波观测器方法的轧钢过程故障诊断系统，通过轧钢过程速度控制回路的故障案例验证该方法的优异性能。Dong 等[36]建立轧钢过程厚度自动控制系统的解析模型，将故障视为未知模型的未知输入，并分析故障位置，设计了位置输入的故障诊断观测器。之后 Dong 等[37]通过建立厚度自动控制非线性解析模型，提出了一种基于轧钢过程厚度自动控制系统非线性模型的鲁棒故障诊断方法，仿真结果表明残差信号对指定故障敏感，对不确定故障具有鲁棒性。

但是，由于轧钢过程受板厚、变形阻力、张力、辊径及摩擦系数等多种因素影响，前面机架的轧制结果不但直接影响后面机架的轧制条件，而且张力还影响所有机架的轧制，这就需要把轧钢过程所有机架当作一个统一的对象进行综合分析，建立整个轧钢过程的解析模型。但由于轧钢过程具有很强的非线性、多模态、动态时变特性，很难建立精确的解析模型，因此基于解析模型的故障诊断方法通常有较高的误诊率和漏诊率[38]。

（2）基于信号处理的故障诊断方法。

基于信号处理的故障诊断方法是根据正常工况和故障工况下振动信号特征的差异，利用各种信号处理方法对振动信号进行分析和处理，提取与故障相关的信号时域和频域特征，由此判断过程是否存在故障。基于信号处理的故障诊断方法包括谱分析方法、小波变换方法、信号模态估计方法等[39]。

针对轧钢过程，张芮[40]总结了轧钢过程传动系统滚动轴承及齿轮的故障机理，介绍了振动监测技术在轧钢过程的应用现状、存在问题及发展方向。文献[41]针对珠钢（厦门）管业有限公司轧钢过程异常振动问题展开了深入的研究，通过对振动信号的时域分析、频谱分析、相关分析及倒频谱分析，确定轧钢过程传动系统的振源并给出了抑制振动故障的策略。文献[42]和文献[43]根据时频分析方法能有效地捕获故障特征的特点，将时域和频域的分析方法应用于高速线材轧钢过程传动系统的故障诊断。文献[44]分析了宝山钢铁股份有限公司 2050 热连轧 F_1 和 F_4 轧机的扭振，运用模态分析法求出了 F_1 和 F_4 机组主传动系统的固有频率、振型和扭矩放大倍数，使用小波变换对所测的信号进行分析，并对系统进行测试评估和故障诊断研究。文献[45]对轧钢过程传动系统齿轮和轴承进行了振动机理研究，找出了故障发生的原因，提取了故障特征信号频带内的信号成分，并将小波神经网络应用到齿轮箱故障诊断当中。仿真实验结果验证了基于小波神经网络的轧钢过程传动系统齿轮箱故障诊断方法有利于提高故障的诊断率，有着良好的发展应用前景[46]。

基于信号处理的故障诊断方法大多是针对轴承与齿轮开展的。在轧钢过程中，传动部分有大量的高速旋转的齿轮轴承，由于齿轮轴承部分利用普通传感器检测到的能真实反映轴承实际运行状况的变量很少，而振动信号所涵盖的设备状况的信息量较大，因此基于信号处理的方法最适合用来诊断轧钢过程齿轮和轴承故障。但是该方法往往需要和其他诊断方法结合使用，才能达到满意的诊断效果[47]。

（3）基于信息融合的故障诊断方法。

基于信息融合的故障诊断方法的基本思想是利用不同时间和空间的数据信息，运用相关的推理规则，对过程信息进行多层次、多方面的探测、联想、估计以及组合处理，获得对被测对象的一致解释与描述，实现相应的决策评估与故障诊断[48]。

当前，基于信息融合的故障诊断方法的研究成为众多研究者关注的焦点[49]。董敏[50]针对轧钢过程厚度自动控制系统的不确定性、非线性、时变性及故障状况复杂的特点，综合了多角度信息，研究了多种判据信息融合问题。董敏利用 D-S 证据理论在处理多源信息方面的优势，进行系统多判据融合，诊断实例证明了信息融合技术降低了不确定性，提高了诊断输出信度和诊断系统性能。葛芦生等[51]将信息融合技术应用于轧钢过程的参数优化和状态监测。目前对多种信息融合技术相结合的故障诊断方法研究处于热门状态[52-53]，很多研究人员正逐步将该方法的理论和技术应用到大型机械设备故障诊断领域。但是基于信息融合技术的故障诊断方法往往很难有效地利用传感器的互补和冗余信息，存在一定的应用局限性[47]。

（4）基于机器学习的故障诊断方法。

基于机器学习的故障诊断方法利用系统在正常和各种故障情况下的历史数据训练机器学习算法用于故障诊断，该类方法能有效地获取、传递、处理、再生诊断信息，并设计相应的模型和算法，从而具有准确的故障诊断和质量预报性能[54]。

常见的基于机器学习的故障诊断方法包括基于神经网络（artificial neuron network，ANN）[55]、支持向量机（support vector machine，SVM）[56]等方法。在复杂工业过程故障诊断中，ANN 主要用来对提取出来的故障特征进行分类，该方法在非线性系统的故障诊断方面有很大的优势[57,58]。Sorsa 等[59]将神经网络方法成功地应用于复杂工业过程的故障诊断。针对轧钢过程，Gu 等[60]将神经网络故障诊断方法应用于高速线材的轧制过程。但斌斌等[61]针对轧钢设备电机故障诊断的特点，提出一种基于神经网络的轧钢过程电机故障诊断方法，该方法对所采集的高线轧钢设备电机的各参数进行数据预处理、特征提取与归一化，并把这些特征参数作为神经网络的输入，建模，然后进行诊断故障。文献[62]针对板带轧机液压厚度自动控制系统在线故障诊断问题，建立了一种基于非线性自回归滑动平均模型的递归神经网络，仿真研究证明了该神经网络方法对轧机液压厚度自动控制系统故障诊断的可行性和有效性。文献[63]通过对其历史故障特征信息的收集和分析，设计出一个适用于轧钢过程厚度自动控制系统中伺服阀故障诊断的三层误差逆传播神经网络，该方法能够满足对厚度自动控制系统中伺服阀故障诊断的要求，从而实现了厚度自动控制系统中伺服阀的故障诊断智能化。文献[64]针对轧钢过程液压活套系统的动态特性，提出一种动态神经网络故障诊断方法。文献[65]将神经网络与专家系统相结合，提出基于神经网络的专家系统故障诊断方法，并成功应用于轧机大型直流电机的故障诊断。近年来，考虑神经网络在故障诊断领域内的应用缺陷，掀起了一股基于神经网络与其他方法相结合的混合故障诊断算法研究热潮，如模糊神经网络方法[66,67]、经验模态分解结合神经网络的方法[68]、PCA等多元统计与神经网络结合的方法[69]，以及多尺度分析和神经网络相结合的方法[68]等。

基于 SVM 的故障诊断方法是以统计学习理论为基础的机器学习方法，而且该方法的求解最终转化为二次规划中的凸优化问题，可保证算法的全局最优性。该方法避免了神经网络无法解决的大样本、局部最小等问题，同样适用于非线性系统的故障诊断。此方法的出现立即引起许多学者的关注，并成功应用于故障诊断领域。Achmad 等[70]、Ignacio 等[71]对 SVM 进行了理论的研究。Shi 等[72]针对轧钢过程故障的特点，提出基于核主成分分析、非线性特征提取和最小二乘支持向量机分类的故障诊断方法，并将该方法应用于轧钢过程活套系统的故障诊断中，取得了良好的故障诊断效果。陈杨[73]提出了一种基于 SVM 的板形预报模型，生产实践表明该预报控制系统对控制精度和鲁棒性都有较大改进，并有效提高了轧制前段板形的平直度和板材的成材率。Liu 等[74]提出基于 SVM 的旋转机械故障诊断方法。为了提高 SVM 的特征提取能力和故障诊断性能，Zhao 等[75]提出了基于结合小波包分析和最小二乘支持向量机的故障诊断方法。在轧钢过程故障诊断中，仅仅依靠正常运行状态下的数据样本及少量的故障样本就可以利用支持向量机建立分类器，对轧钢过程的运行状态进行识别，判断轧钢过程是否出现故障，以及出现的是何种故障。因此将 SVM 方法应用于轧钢过程故障诊断的研究将有很广阔的前景。

（5）基于多元统计的故障诊断方法。

基于多元统计的故障诊断方法包括 PCA、PLS、独立成分分析（independent component analysis，ICA）、FDA 等方法，该类方法可以从正常状态下的数据中提取统计信息、建立统计模型，该类方法具有不依赖解析模型和适合处理高维、强相关性数据的优点，已成为当前故障诊断领域研究的热点。

PCA 方法的主要思想是通过线性空间变换求取主元变量，将高维数据空间投影到低维主元空间，从而消除观测数据之间的冗余信息，得到主元模型和统计控制限。文献[76]将 PCA 方法成功地应用于轧钢过程的故障检测和诊断。ICA 方法可以处理 PCA 等多元统计方法不能处理的非高斯分布数据。Achmad 等[77]利用 ICA 方法进行特征提取，仿真结果表明 ICA 方法性能优于 PCA 方法。王峻峰[78]将 ICA 方法应用于中厚板轧机主传动系统故障的诊断，取得了很好的特征提取和诊断效果。与 PCA 方法相比，PLS 方法在选取特征向量时强调输入对输出的解释预测作用，具有更好的鲁棒性和检测稳定性。同时，PLS 方法能够弥补 PCA 方法等其他统计方法无法考虑过程变量对质量变量影响的不足。PLS 方法已经成功应用于轧钢过程故障检测与诊断中[79,80]，结果表明 PLS 方法比 PCA 方法能更好地监测与诊断故障。就故障检测来说，PCA 方法、ICA 方法与 PLS 方法存在一定的优势，但它们并不十分适用于故障诊断，这是因为在确定低维表达形式时，这些方法没有考虑数据类之间的信息，只是对数据进行重构而不是分类。FDA 方法考虑了数据中各类之间的信息，在故障诊断方面比 PCA 方法更具优势[81]。

针对工业过程变量中存在的非线性关系，Kramer[82]最早提出基于神经网络的非线性 PCA 方法。Qin 等[83]利用神经网络拟合 PLS 的内模型得到非线性 PLS 方法。但是神经网络训练过程一般比较复杂，计算效率低。而机器学习中的核函数可以将数据之间的非线性关系在高维空间中线性近似表示，从而进行非线性特征提取，因此将核技巧与多元统计技术相结合可以很好地解决工业过程故障诊断的非线性问题。基于核函数的核主成分分析（kernel principal component analysis，KPCA）法[84]、核偏最小二乘（kernel partial least squares，KPLS）法[85]、核独立成分分析（kernel independent component analysis，KICA）法[86]以及核费希尔判别分析（kernel Fisher discriminant analysis，KFDA）法[87]的非线性方法均在故障诊断中得到了应用。

针对工业过程变量之间的动态特性，Ku 等[88]通过在多元统计方法中引入前一段时间过程变量的观测值构成增广数据矩阵，再对新的数据矩阵进行主成分分析，从而形成了基于动态主成分分析（dynamic principal component analysis，DPCA）的故障检测与诊断方法。之后针对过程变量具有动态性故障诊断方法的研究大量涌现，如动态偏最小二乘（dynamic partial least squares，DPLS）法、动态独立成分分析（dynamic independent component analysis，DICA）法。在诊断时序相关数据时，动态多元统计方法的诊断性能优于传统多元统计方法。

针对工业过程变量中存在的多尺度问题，很多学者提出了基于多尺度分析和多元统计相结合的故障诊断方法。Bakshi[89]提出了小波 PCA 的多尺度故障诊断方法。Birjandi 等[90]提出一种多尺度 ICA 的故障诊断方法。

变量工业过程往往同时包含多种复杂特性，为适应这种过程监控，研究人员已取得了如下进展：①对于非线性的动态过程，Choi 等[91]提出基于非线性的 DPCA 的故障诊断方法，张颖伟等[92]提出非线性的 DPLS 的故障诊断方法；②对于非线性的多尺度问题，李磊等[93]和 Zhang 等[94]分别提出了多尺度 KICA 和多尺度 KPLS 的故障诊断方法；③针对非线性的数据大规模问题，Zhang 等[95]提出了基于多块非线性 PLS 的故障诊断方法。

1.3.3　基于多元统计分析的故障诊断方法的研究现状

基于多元统计分析的故障诊断方法是以统计过程控制（statistical process

control，SPC）技术为基础逐渐发展起来的。SPC 是这样一种技术，它利用一系列的统计工具来为生产过程的监控、分析和性能的提高提供手段[78,96]。

SPC 最早可追溯到 1924 年，W. A. Shewhart 教授运用统计方法提出了世界上第一张统计过程控制图——Shewhart 图，用来监测生产过程，以减少产品质量的波动。其主要思想是利用质量变量在稳态时的统计特性确定控制限，利用控制图并根据控制限在生产过程中检测这种统计特性的一致性，以达到产品质量监控的目的。控制图是 SPC 最为重要的工具，其中 Shewhart 图是被用得最多、也最为有效的控制图。SPC 技术产生的主要目的是监控和提高产品质量，而不是用于故障诊断。但是随着 SPC 技术的不断发展，其应用范围从质量变量扩大到生产安全最相关的变量上，其目的也从单纯的提高产品的质量发展为监测过程故障和提高系统可靠性[96]。

随着过程规模和复杂性的增大，SPC 技术的局限性也日益明显[82]，主要表现如下。

（1）一张控制图只能监测一个变量（通常都是与产品质量或生产安全最相关的变量），对多个重要变量则只能同时用多个控制图进行监测，并且各个控制图的结果难以综合考虑[97]。

（2）过程变量之间通常都存在相互关联与耦合，因此对过程的监测本质上就宜采用多变量控制图。同时用多个单变量控制图对多个变量进行监测将难以正确解释过程的运行状况。因此在统计过程控制基础上又发展出多元统计过程控制（multivariate statistical process control，MSPC）。MSPC 的思想是利用 PCA、PLS 等多元统计投影方法，对存在多个相关变量的生产过程进行监控、分析以提高其性能。MSPC 技术的发展大大扩展了 SPC 的研究范围，丰富了研究内容[98]。首先，MSPC 不再局限于对单一变量的分析，研究范围扩充到所有的过程变量；其次，MSPC 充分考虑变量之间的相关性，可以深入挖掘隐藏在大量过程变量数据后面的有用信息；另外，利用多元统计投影方法，可以把高度相关的变量投影到低维空间，降低分析问题的难度；最后，MSPC 的研究范围从最初的过程质量控制、单变量故障检测发展为多变量故障检测及故障识别等更深入的问题[99]。

经过阅读大量的文献，可以发现在很多文献中基于多元统计分析的故障诊断方法也是在 MSPC 的范畴内展开研究的，因此在一定意义上两者的概念可以统一。但是需要指出的是基于多元统计分析的故障诊断不完全等价于 MSPC，它是 MSPC 的深化和外延[100]。在研究范围上，MSPC 更侧重故障检测的研究，而基于多元统计分析故障诊断的研究内容更加完整，包括了广义故障诊断概念下的状态监测、故障分离、故障识别等各类问题。

在多元统计工具的使用上，MSPC 主要利用的是 PCA 和 PLS 等多元投影方法，但是 PCA 方法和 PLS 方法在应用过程中有一定的局限性，例如它们在故障检测方面的能力强，而在故障分离和故障识别方面的能力弱。因而基于多元统计分析的故障诊断，不仅仅局限于使用上述两种经典的多元统计方法，还广泛使用其他多元统计方法，如 FDA 方法和 ICA 方法等[39]。

工业生产过程中存在着大量高度相关的测量变量，这些变量在每一时刻的采样值都蕴含着生产过程是否正常、产品质量是否合格等信息。由于变量间的高度相关性，故障过扰动会导致许多变量采样值的异常，因而仅监视各个过程变量，对于过程监测、故障检测及诊断并无裨益[101]。以 PCA 方法、PLS 方法为代表的多元统计方法，采用投影降维的方法处理过程测量数据，将生产过程中大量高度相关的过程变量投影到一个包含原空间绝大多数信息的低维子空间中，用它们来描述整个过程的主要特征信息，从而使得状态监测、故障诊断和质量预报等研究工作大为简化[102]。

多元统计方法具有算法简单、收敛性好等优点，人们已经对它作了大量的研究，并在工业系统中进行了大量的应用。尽管多元统计分析方法已经成功得到了广泛应用，但是，它们具有一定的局限性，即在算法推导过程中做了一些前提假设[76]。例如，要求各变量都服从相同的高斯分布，即满足独立同分布的条件；过程处于稳态，变量之间是序列无关；相关变量之间的关系是线性的，即 PCA 方法和 PLS 方法是一种线性变换技术；过程参数是恒值参数，不随时间变化等。以上前提假设限制了 PCA 方法和 PLS 方法在实际过程中的应用，即在实际过程中无法满足以上假设条件会导致大量的错报或误报。因此，针对上述假设，涌现出许多改进方法[82,96]。

（1）高斯分布假设的改进方法。

传统 PCA 方法和 PLS 方法为了推导平方预测误差（square prediction error，SPE）统计量和主元子空间 Hotelling T^2 统计量（以下简称 T^2 统计量）的分布，确定控制限，一般假设过程变量服从高斯分布，但实际工业过程观测的数据的分布情况事先并不知道，并且由于非线性、过程自身因素等原因，过程变量往往也不服从多元高斯分布，这时再采用传统方法，就会造成故障的严重误报和漏报。事实上，生产记录的大量数据可以提供其分布信息。采用基于数据驱动的非参数统计方法可以从大量的观测数据中挖掘出数据的分布信息，而且事先不必做任何假设[103]。

（2）非线性方面的改进方法。

非线性现象几乎存在于一切工业过程中，针对大量非线性过程，很多过程信息及这种非线性关系无法再被传统的 PCA 方法和 PLS 方法描述。基于此，不少学者提出了很多解决非线性问题的方案，基本可分为三类：一为基于神经网络的方法；二为基于核的方法；三为基于不同方法的综合。现有的很多方法其实都综合了一些不同方法，而且也不仅仅单纯解决非线性问题，有的同时对非线性、动态问题都有效[102]。

（3）动态方面的改进方法。

PCA 方法和 PLS 方法从其本质上说，都是静态建模技术，它们以"样本观测相互独立"作为假设前提条件，没有考虑时间序列相关性的影响，对大多数工业过程而言，都存在动态特性，测量变量并不是序列无关的，当前时刻的测量变量与过去若干时刻的测量变量都有关系。为此，探讨适合序列相关数据的动态 PCA 方法、PLS 方法是非常必要的。动态 PCA 方法、PLS 方法是基于获得的过程数据存在着一定的时间结构而提出的。它的主要思想为：在时域中扩展过程数据块，使得其自相关和互相关最小，然后对这个数据块进行分析以提取过程特征信号子空间信息以实现对过程进行监控[103]。

（4）多尺度的方法。

传统的多元统计分析方法没有考虑频率特性，即数据信息的提取和压缩都是在同一时间尺度上完成的。PCA 方法和 PLS 方法对测量变量的时间序列进行建模，建模过程中仅仅考虑采样间隔这一尺度，因此该模型是单尺度的。单尺度模型仅适合于在一个时间尺度上有贡献的数据。在单一尺度上建立的模型对于某些尺度上的事件可能并不灵敏。小波分析为解决多尺度问题提供了可能性。测量信号通过小波分析被分解为不同尺度上的信号，信号的高频信息被分解在高模型上，而低频信息被分解在低尺度内[102]。

（5）递归的方法。

由于工业过程原材料、外界环境条件、过程负荷发生变化，以及设备的磨损和老化等因素，工业过程的操作条件会出现缓慢时变。针对系统漂移的情况，基于递归的方法是将新的测量数据以一定的权重包含到待处理的数据矩阵中，这些权重一般是指数减小的[104]。也就是说，随着过程的进行，历史数据对当前数据矩阵的影响是逐渐减少的，当前时刻的数据具有最大的权重，而离当前时刻越远的数据具有的权重越小。基于递归的自适应算法也在一定程度上克服了非线性的影响，因为递归模型可以看成是系统在不同操作点的线性化模型[105]。

（6）多块 PCA 方法、PLS 方法。

对大型的化工企业而言，每一生产流程都涉及大量的化工装置，总的测量变量个数也极为庞大，因此在建立统计过程模型时，对模型中变量之间相互关系的解释极为复杂，使模型难以实际应用[19]。多块 PCA 方法、PLS 方法的实质是按照一定的原则，把整个系统分成几个有意义的子数据空间，尽量做到每个子数据块内变量高度相关，不同数据空间之间变量耦合小，然后分别在子数据空间进行分解，应用于过程的监视和诊断中，使检测能力大大增强并且使监测速度加快，增强解释能力和故障诊断能力[96]。

1.4　本书主要内容

本书面向轧钢过程，针对其数据及振动信号特点及过程特性，结合多元统计分析技术在处理高维和相关数据方面的优势，深入研究轧钢过程的状态监测、故障分离、故障识别及质量预报方法，力争减少或避免故障发生，为提高轧钢过程的生产效率奠定一定的理论基础。本书主要内容如下：

第 1 章是绪论。介绍了研究背景、意义和相关的基本概念，分析了轧钢过程故障诊断的发展概况，简单介绍了基于多元统计分析的故障诊断方法的研究现状。

第 2 章介绍了轧钢过程工艺、主要机械设备组成、轧钢过程主要故障类型、故障特性分析，以及轧钢过程故障特性。

第 3 章介绍了基于多元统计分析故障诊断和质量预报的基本理论。基于多元统计分析故障诊断和质量预报的基本理论包括 PCA、PLS、ICA 等基本理论知识和状态监测、故障分离以及统计回归等基本理论。

第 4 章研究了无量纲标准化的轧钢过程状态监测方法。轧钢过程中，各种过程变量的量纲各不相同，为了从过程监测相关的数据中有效地提取信息，在使用 PCA、PLS 等多元统计方法进行统计分析之前，通常需要对过程数据进行无量纲标准化处理，但是，无量纲标准化处理后会导致特征值大小近似相等，难以获得代表性的潜变量等问题[6]。本章根据马氏距离对数据进行变换时可以直接消除量纲的优势，引入马氏距离相对变换理论，通过计算采样数据之间的马氏距离，将原始空间数据变换到相对空间。然后在相对空间进行 PLS 统计建模，实现采样数据的在线监测。通过理论推导证明了马氏距离相对变换可以对数据不进行标准化而直接进行数据变换，并且给出了在相对空间内数据进行 PLS 变换的合理解释，表明了基于马氏距离相对变换的 PLS 状态监测方法可以有效地消除变量量纲对数据的影响，提高数据的可分性。使提取的隐变量具有更大的变化度和代表性，从而增加了状态监测的精度和实时性[102]。

第 5 章研究了基于相对变换的独立成分分析（relative transformation independent component analysis，RTICA）的故障检测方法和基于分块处理的 RTICA 故障诊断方法。该方法是在独立成分分析方法的基础上进行改进，通过引入欧氏距离的相对变换理论，将原始空间数据变换得到相对空间，然后在相对空间进行独立成分分析方法，降低相对空间的数据维数，使提取的独立主元特征具有更大的适应性，建立故障检测模型，最终实现在线故障检测。考虑轧钢过程的故障分离问题，本章提出了基于分块处理的 RTICA 故障诊断方法。首先将预处理后的数据根据分块原则进行合理分块，并应用改进的 ICA 方法对每个子块单元分别建立离线模型，最终对每个子块进行故障诊断。由于故障源所在的子块单元可有效检测故障发生并且其他子块单元难以检测故障存在，因此可有效判断故障发生在对应子块单元的位置，实现故障诊断和追溯。最后，将本章提出的方法应用于诊断轧机设备轴承裂纹故障，具有一定的实际研究价值[103]。

第 6 章研究了具有复合数据特性的轧钢过程状态监测和故障分离方法。轧钢过程是非常典型的非线性复杂工业过程，过程变量之间存在很强的非线性关系，过程数据也很难满足高斯分布，而且，轧钢过程具有张力、板形以及活套等闭环控制系统和储能环节，使得在较高采样速率下采集的过程观测数据具有明显的动态性。因此，轧钢过程数据具有明显的动态性、非线性及非高斯分布等复合特性，本章综合考虑轧钢过程数据的复合特性，改进传统的动态核主成分分析，并结合ICA，充分考虑工业过程中的非线性、非高斯分布特征，可以更精确地描述轧钢过程特性，并在此基础上，提出了一种新的基于贡献图的故障分离方法，保持了贡献图法简单易行的优点，同时提高了故障分离的准确度[2]。

第 7 章研究了具有非线性特性的轧钢过程故障识别方法。在使用 KPDA 对非线性数据进行故障识别时，经常会出现核函数的选取不合理以及核矩阵的计算量过大从而导致故障识别准确率低、实时性差等问题。本书在分析核函数的优化和特征样本选取关系的基础上，引入混合核函数，采用改进生物地理学优化算法同时优化核函数参数和选取特征样本，有效地得到最优核参数和特征向量，然后将得到的最优核参数和特征样本进行 KFDA 统计建模、状态监测和故障识别，从而提高核矩阵的计算效率、在线监测和识别的准确率[23]。

第 8 章研究了轧钢过程故障诊断和质量预报方法。在轧钢过程中，产品质量（如带钢厚度）无法在线测量，给带钢产品质量和产品合格率的提高带来了很大的障碍。本书根据过程变量和质量变量之间的关系，结合 KPLS 的非线性特征提取和回归以及 PDA 的故障诊断优势，使用 KPLS 提取具有代表性的潜变量，然后用费希尔判别分析方法建立 KPLS 的内部模型，监测过程状态，判断是否有故障发生。如果有故障发生，用 PDA 识别故障类型；如果轧钢过程工况正常，利用 KPLS 的非线性回归思想，对产品质量进行预报[46]。

第 2 章　轧钢过程工艺原理及故障分析

2.1　引　　言

目前，轧钢机的自动化程度已达到了一个较高的水平，设备的可靠性也有显著提高，但是轧钢机结构日益复杂，实际运行过程具有高温、高压、高速等特点，一旦出现故障，就会产生链式反应，可能导致整个设备损坏，不仅会造成巨大的经济损失，而且还会危及人身安全。实践经验和历史教训使人们越来越清醒地认识到要使轧钢机可靠、有效地运行，保证轧钢机的安全性和产品质量的稳定性，需要对整个轧钢机进行状态监测和诊断。轧钢机状态监测是为了保证轧钢机运行状况满足给定的性能指标，对轧钢机涉及的主要过程变量进行实时监控，判断故障是否发生以及引起故障的变量。轧钢机故障诊断主要研究如何对轧钢机出现的故障进行检测、分离、识别以及过程恢复，即判定故障是否发生，识别出与故障最为关联的观测变量，诊断出故障类型、位置，最后去除故障的影响，使轧钢机正常运行。

2.2　轧钢过程的工艺阶段

轧钢过程是一个严重非线性、时变、大滞后、强耦合、多参数和不确定性的复杂工业过程[104]。现代化钢铁企业生产的一个特点是过程由多道加工工序组成，比如轧钢厂的最终产品（板材）要历经炼铁、炼钢、连铸、热连轧、冷轧等多个环节。而热连轧过程（串联型工业大系统）一般依工序又可分为加热区、粗轧区、精轧区和卷取区 4 个区，依生产工艺过程可分为板坯准备、板坯加热、粗轧、精轧、轧后冷却、卷取和精整 7 个子系统。由于轧件同时在两个以上的顺序布置的轧机上进行轧制，从而把整个机组的机械、电气设备连成一个整体，使热连轧过程的机械、电气设备和工艺参数形成相互耦合、相互制约的关系。板坯的轧制过程又主要分为热连轧工序阶段和冷轧工序阶段。

2.2.1　热连轧工艺阶段

热连轧工序的生产原料来自于连铸机组的浇注板坯，板坯在进行热连轧工序之前先放入板坯库或保温坑进行存放，待需要时可装上加热炉完成重加热，然后再进行轧制生产，所轧制出的热连轧卷厚度一般在 2～3mm。热连轧工艺流程如图 2.1 所示。

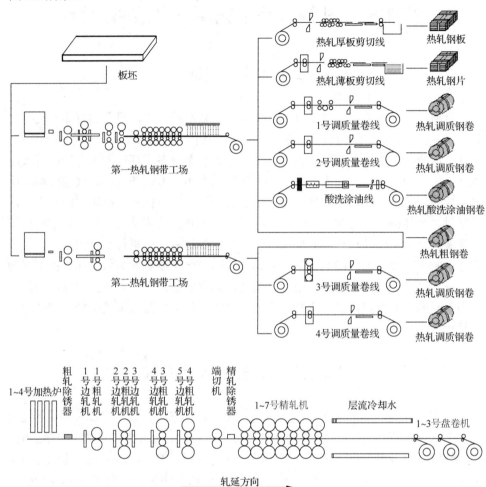

图 2.1　热连轧工艺流程图

（1）板坯准备。

热连轧钢带所用的板坯是连铸板坯或初轧板坯。坯料厚度通常为 120～300mm。板坯宽度一般与轧制成的钢带宽度相同或比钢带宽 50～100mm，可采用大立辊轧制生产不同宽度的钢带。对于质量要求较高的板坯，需进行局部修磨、清理，以消除较深的缺陷。板坯在加热前必须清除表面缺陷，以保证成品钢带的表面质量。在一些板坯初轧机上均设有火焰清理机来全面清理板坯上表面、下表面，这对一般钢种而言，同时也创造了热态装炉的条件。

（2）板坯加热。

由于用户对最终产品质量和尺寸偏差要求日益严格苛刻，因此板坯的加热质量也就越来越受到重视。热连轧机的板坯加热设备大多由 3～5 座连续式加热炉组成，步进式连续加热炉因为具有明显的优越性，所以受到广泛的应用。

（3）粗轧。

粗轧之前需要采用大立辊轧机进行轧边，以去除板坯在加热炉内生成的氧化铁皮，同时对板坯宽度进行矫正。在大立辊轧机的进口处设有侧导板，大立辊轧机前或后设有高压除磷装置，用 11.77～14.70MPa 的高压水冲除表面的氧化铁皮。板坯除磷后，便进入 2 辊轧机轧制。此时板坯厚度大、温度高、抗力小、可塑性好，选用 2 辊轧机一般就可以满足工艺要求。随着板坯厚度逐渐变薄和温度逐渐下降，板坯变形抗力增大，而板形及厚度精度要求也逐渐提高，故需采用更强大的 4 辊轧机进行轧制，才能保证足够的压下量和较好的板形。为了使钢板的侧边平整和宽度控制精确，在每架 4 辊轧机前面均要设置小立辊进行轧边。

（4）精轧。

由粗轧机组轧出的钢带坯需经过上百米长的中间辊道输送到精轧机组进行精轧。钢带坯在进入精轧机之前，首先要进行测厚和测温，接着用飞剪剪去钢带坯的头部、尾部，以避免温度过低的板坯头部损伤辊面，并使操作顺利进行。钢带坯被切除头部、尾部后，即用高压水除磷（在前几架精轧机座间设有高压水喷嘴），然后进入精轧机进行轧制。精轧机组一般由 6～7 架精轧机组成。增加精轧机架数可使精轧来料加厚，提高产量和轧制速度，并可轧制出厚度更薄的产品。现代热连轧钢带轧件的轧制速度很快，为了使成品的尺寸和形状准确，表面质量和机械性能良好，必须通过一系列仪表、计算机对轧制速度、压力、轧件厚度和出口温度等进行在线测量和控制。

（5）轧后冷却、卷取和精整。

精轧机高速轧出的钢带经过输出辊道，要在数秒之内急速冷却到 600℃ 左右，然后进入盘卷机卷成板卷，再将板卷送去精整加工。为加速轧制后钢带的冷却，保证卷取温度，在精轧机输出辊道的下面设有喷水冷却装置，上面设有低压层流冷却装置。冷却后的钢带辊道送至盘卷机卷成板卷。盘卷机一般有 3 台，交替进行卷取。卷取后的钢带卷经卸卷小车、翻卷机和运输链运往仓库，根据用作冷轧原料或热连轧成品的不同，分别运往冷轧原料库或继续进行精整加工。

2.2.2 冷轧工艺阶段

冷轧工序的生产原料为热连轧卷，除冷轧机组外，生产原料在冷轧工序还需经过酸洗、精整、热处理、涂镀等附加工序，其工艺流程如图 2.2 所示。

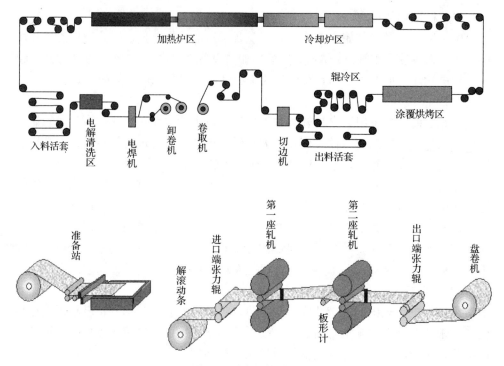

图 2.2　冷轧工艺流程图

冷轧带钢和薄板的厚度一般为 0.1~3mm，宽度为 100~2000mm，均以热连轧带钢在常温下经冷轧机组轧制成材。冷轧带钢和薄板具有表面光洁且平整、尺寸精度高和机械性能好等优点，产品大多成卷，并且有很多加工成涂层钢板。成卷冷轧薄板生产效率高，使用方便，有利于后续加工，因此应用广泛。冷轧机组的发展从法国制成的第一台 2 辊轧机开始，改进后采用工作辊径较小而刚性较大的 4 辊轧机。为了轧制更薄和更硬的带钢，又发展出工作辊径较小而刚性更大的 6 辊、12 辊、20 辊等轧机。冷轧带钢生产采用成卷轧制，使用张力卷取和开卷装置，速度很高、道次压缩率大、板形平直。连续式轧机由 3~6 个机架组成，机架数越多，总压缩率越大，产品越薄，同时轧制速度越快，产量越大。

因轧薄和板形控制的需要，出现了各种各样的板带冷轧机。轧机主要由工作机座和主传动系统两大部分组成。工作机座是支撑和固定轧辊及导卫，调整辊缝（轧制线）位置、辊缝大小、辊缝形状的系统，包括轧液压弯辊装置、轧辊轴向传动调整装置、机架、上辊平衡装置、导卫装置等。轧辊的转动、转向和转速是靠主传动系统的驱动和控制来实现的。

轧机由电机、传动系统、工作机座和轧辊组成。轧机的传动系统由减速机、连接轴和联轴器组成，具体介绍如下。

1. 减速机

减速机的作用是把电机提供的转速转变成轧制过程中轧辊需要的转速。因为高速电机的价格比低速电机低。而一个装置是否需要用到减速机，要考虑的是购置减速箱的用度或生产减速箱及其在摩擦损耗上所花的费用是否低于低速电机与高速电机之间的差价。

2. 连接轴

轧机经常使用的连接轴类型为梅花接轴、齿式接轴、万向接轴、联合接轴（一头为万向接轴而另一头是梅花接轴）。

连接轴选择什么样的类型通常与轧辊的调整量和连接轴允许的倾斜的角度大小等相关因素有关，选取原则如下：

（1）用于初轧，因为板材较厚，所以轧辊调动量较大，角度一般在 8°～10°；

（2）对型钢来说，轧机的轧辊调整量较小，一般只在轧辊磨损严重或者调换新的轧辊时才会进行轧辊调整，通常选择梅花接轴或联合接轴；

（3）小型轧机和线材轧机轧制时速度一般较高，虽然轧辊的调整量很小，但考虑在高速的状况下仍然要保证运转的平稳与可靠，故通常采取齿式类型或弧面齿形类型的接轴；

（4）在带钢轧机精轧机组上，若连接轴倾角不大且扭矩合适可采用弧面齿形接轴，当倾角或扭矩较大时则采用万向接轴。

3. 联轴器

联轴器分 4 种：凸缘联轴器、滑块联轴器、链条联轴器和齿式联轴器。目前用得最广泛的是齿式联轴器。

2.3　轧钢过程主要故障分析

通过 2.2 节对轧钢过程工业以及轧钢设备分析可知，轧钢机结构复杂，要对轧钢机进行状态监测与故障诊断，首先应该分析轧钢机的基本结构、功能，了解轧钢机的故障类型，然后对相关的观测变量进行在线监测，最后通过故障诊断方法诊断出故障，找出故障原因和故障源。

轧钢机是一个光、电、机、液高度集成的一体化大型复杂系统，轧制过程的观测数据具有非线性、动态性、大规模、多尺度、强冗余等特性。而且故障与故障征兆信号之间具有多故障多征兆互相耦合的特点，因此没有任何一种故障诊断方法能够完全适用于这种复杂系统的所有故障类型,为了对轧钢机的状态监测和故障诊断方法进行合理的分类,本书将轧钢机的故障划分为设备故障、系统故障和产品质量故障三个级别。

(1)设备故障:主要指轧钢机所包含的生产设备出现的各种机械故障,电液伺服阀、齿轮及轴承等出现的故障属于设备故障。

(2)系统故障:主要指轧钢机控制系统由于工艺设计问题或者工人误操作偏离正常工艺规程,系统难以按照上位机的指令进行动作,从而使生产不能正常进行的各类故障。

(3)产品质量故障:主要指轧钢机设备或系统产生扰动和故障而使轧制的产品质量出现异常,带钢产品厚度或板形精度达不到要求等故障都属于产品质量故障。

在三个级别的故障中,轧钢机设备故障是目前文献研究最多的故障类别,而且成果最为丰富,相关的故障诊断方法的研究也最为深入。这主要是因为轧钢机现场设备配置了大量的传感器,可以得到反映轧钢机设备状态的监测数据,现场专家和研究人员可以根据轧钢过程数据建立统计模型、机理模型和故障数据库,从而实现故障诊断。本书重点分析和综述轧钢机的设备故障,而轧钢机设备故障繁多且相互耦合,为了便于对轧钢机设备故障进行合理归类,将轧钢机的主要设备分为厚度自动控制系统设备、活套控制系统设备、轧辊及其传动系统设备、板形控制系统设备四部分,并将故障类型按以上设备进行分类。

1. 厚度自动控制系统设备故障分析

厚度自动控制系统主要用来设定和调节辊缝,从而控制带钢厚度和精度,因此,厚度自动控制系统设备的故障都能通过辊缝信号反映出来。当辊缝信号的变化情况超出正常范围时,厚度自动控制系统设备就有可能发生故障,另外,轧制力信号、活套角度及带钢的出口厚度偏差等信号的异常变化都会引起厚度自动控制系统设备的故障。厚度自动控制系统设备的主要故障及故障征兆如表 2.1 所示。

表 2.1　厚度自动控制系统设备的主要故障及故障征兆

故障类别	故障征兆
位置传感器故障	轧制力异常、带钢厚度偏差信号异常
液压缸故障	压力过高或过低、压力建立不起来
伺服阀故障	伺服阀驱动零偏电流大于正常范围
轧制力故障	轧制力异常、活套角度异常

2. 活套控制系统设备故障分析

活套控制系统设置在两个相邻的机架之间，用来维持两机架之间张力恒定，协调轧制速度误差，避免堆钢或拉钢等事故[106]。活套控制系统主要是通过角度的变化来实现对张力的控制和调节。当活套控制系统发生故障时，活套的角度就会随之出现异常，同时带钢的张力、轧制力、两机架之间的轧制速度差都有异常的变化。活套控制系统的设备故障常常导致产品质量不合格，例如板带表面浪形等。活套控制系统设备的主要故障及故障征兆如表 2.2 所示。

表 2.2   活套控制系统设备的主要故障及故障征兆

故障类别	故障征兆
活套辊变形故障	活套角度异常
活套轴卡死故障	活套角度信号为一条直线，压力信号则上升到最大值后为一条直线
液压缸不动作或爬行故障	活套角度信号为一条直线，压力值为零或低于正常值
安全阀故障	压力最大值超过正常最大值
电液伺服阀故障	活套角度值和压力值均无变化，压力传感器信号值为零
换向阀故障	压力正常，活套角度为零或最大值

3. 轧辊及其传动系统设备故障分析

由于轧件在咬钢时常常受到冲击力作用而发生打滑，轧钢机主传动系统设备经常发生扭转振动，导致轧钢机设备的故障经常发生，因此研究人员和工程师常常对轧辊及其传动系统进行重点监测[107]。轧辊及其传动系统设备的主要故障及故障征兆如表 2.3 所示。

表 2.3   轧辊及其传动系统设备的主要故障及故障征兆

故障类别	故障征兆
轧辊变形或偏心故障	轧制力周期性变化、活套角度、辊缝及带钢的出口厚度偏差等异常变化
轧辊表面的磨损故障	活套角度信号、轧制速度信号也会有异常，出口带钢表面的平整度异常
轧辊的传动系统故障	轧制速度信号、活套角度信号都会表现出异常变化
轧辊断裂故障	扭矩超过轧辊能够承受的扭转应力，轧制压力和温度发生比较剧烈的变化
轧制速度检测器故障	轧制速度及活套角度异常
万向接轴断裂故障	轧制力矩异常

除了以上故障，梅花套、齿轮座、减速机等设备故障也时有发生。

4. 板形控制系统设备故障分析

板形控制系统通过弯辊系统和连续可变凸度（continuous variable crown，CVC）系统等控制板形与平直度。板形控制系统设备的主要故障及故障征兆如表 2.4 所示。

表 2.4 板形控制系统设备的主要故障及故障征兆

故障类别	故障征兆
弯辊系统故障	压力测量值超差、伺服阀驱动零偏电流大于正常范围、油缸压力与设定值超差
CVC 故障	轧制力突变、弯辊力突变、油缸控制压力异常、轧件厚度不均匀

2.4　轧钢过程变量数据特性分析及轧钢机故障特性分析

2.4.1　轧钢过程变量数据特性分析

反映轧钢机系统工作状态的主要过程变量有 200 多个，包括温度、压力、速度、液压参数、张力、转矩及电参数等。这些过程变量之间相互耦合，如轧辊辊缝的变化会影响轧件出口厚度，而出口厚度的变化又会影响前滑值，同时影响前滑值的因素还有压下量、轧件和轧辊间的摩擦系数等。张力主要跟带钢的速度差有关，而带钢速度跟轧制速度、前滑量、带钢的出入口厚度配比有直接关系。除此之外，轧钢机过程数据还具有以下特性。

（1）非线性。轧钢机系统是个非常典型的非线性系统，过程变量之间存在很强的非线性关系。例如，在液压活套系统中，阀芯位移的初始补偿量、液压缸的初始压力、液压油管道的流量及阀芯位移之间存在非线性关系[108]；再者，轧制过程中，带钢厚度、活套高度、张力之间存在非线性关系。

（2）动态性。数据动态特性是指某一时刻的观测数据与过去一段时间的观测数据时序相关的特性。在一些采样时间间隔较长的工业过程中，较大的采样间隔在一定程度上消除了时序相关性（动态性），因此无须考虑数据之间的动态特性。但是，在轧钢过程中，各传感器的采样时间间隔很短，而且存在储能环节和闭环控制系统，因此轧钢过程数据序列相关，具有明显的动态特性。

（3）数据大规模特性。在轧钢过程中，每一生产流程都要涉及大量的设备和装置，包括多个子系统及操作区域，即使只考虑精轧部分，一般也要包括 4～7 个机架，每个机架由厚度自动控制系统、活套系统、轧辊及其传动系统、板形控制系统等构成，每个系统又分为很多独立控制功能的小系统，诸多系统功能相对独立且互相之间有复杂的耦合关系，涉及的过程变量数据规模巨大。

（4）多尺度。轧钢机系统是一个多层次、高性能的复杂工业系统，要求多个传感器在不同尺度上对研究的现象或过程进行观测，其过程变量是在不同的尺度（或分辨级）上获得的，不同位置、不同性质的故障一般只发生在某个特定频段，因此轧制生产过程包括多个频率特征，过程数据具有多尺度特性。

2.4.2　轧钢机故障特性分析

轧钢机故障与故障征兆信号之间表现出错综复杂的关系，例如轧辊偏心故障是由轧制力、辊缝、产品厚度偏差等参数超限造成的，而轧制速度参数超限也可以造成轧辊表面磨损、电机机械故障、电流电压异常等，属于多征兆、多故障的情况。当多故障同时发生时，往往会耦合在一起，对应着同一种故障的同一种信号，其征兆也会不一样，因此征兆与故障之间也存在着不明确的对应关系。

轧钢机的故障模型描述比较困难，有些需要定量描述，有些需要定性表述。可以检测到相关过程变量的故障一般可以定量描述，如轧制力、速度、温度等，无法检测到变量参数的故障一般需要定性描述。

2.5　轧钢机状态监测

对轧钢机进行故障诊断的首要任务就是对轧钢机故障涉及的主要过程变量进行监测。轧钢机状态监测包含以下内容。

（1）轧钢机力能参数的状态监测，包括各机架轧制压力、轧制力矩、弯辊力、主传动系统扭振、各个机架间活套转矩、活套液压缸压力、活套角度及活套张力，还有主电机的电流、电压、转速、功率等，以及液压系统各力能参数。

（2）轧制工艺状态监测，包括精轧入口带钢速度、精轧出口带钢温度、精轧出口带钢厚度、各轧辊辊缝、工作辊速度、上下工作辊位置、液压缸油液温度及液压缸油箱液位。

（3）轧钢机设备工作的状态监测，包括各主要轴承的温度、油温、轧钢机各部件的振动、电机转子的轴心位移、各主要零件（如齿轮和轴承等）的磨损。

第3章　多元统计分析故障诊断和质量预报基本理论

3.1　引　　言

在现代工业过程中，往往需要测量很多过程变量，用以对过程进行监测和控制。而同一过程中的不同变量间往往互相关联，也就是说这些变量不是互相独立的，过程变量之间具有很强的相关性，如轧辊辊缝的变化会影响轧件出口厚度，而出口厚度的变化又会影响前滑值，同时影响前滑值的因素还有压下量、轧件和轧辊间的摩擦系数等。张力主要与带钢速度差有关，而带钢速度差与轧制速度、前滑量、带钢的出入口厚度配比有直接关系。因此，摆在过程操作人员面前的是很多过程变量在同时错综复杂地变化着。在这种情况下，操作人员往往很难及时对工业过程状态做出正确的判断。如能将很多相关的过程变量压缩为少数的独立变量，那么过程操作人员则有可能从少数几个独立变量的变化中，较容易地找出引起过程变量错综复杂变化的真正原因。

20世纪80年代末，以 PCA、PLS、ICA、FDA 和典型对应分析（canonical correspondence analysis，CCA）等多元统计技术为核心的多元统计建模方法揭开了基于状态监测、故障识别及质量预报的新篇章。多元统计状态监测的主要目标是快速准确地检测生产过程中出现的异常工况。生产过程的在线监测和故障诊断不仅可以为过程工程师提供有关过程运行状态的实时信息、排除安全隐患、保证产品质量，而且可以为生产过程的优化和产品质量的改进提供必要的指导。

3.2　数据的预处理

数据标准化是基于多元统计分析技术建模方法的一个重要环节。标准化方法可以很大程度上突出过程变量之间的相关关系、去除过程中存在的一些非线性特性、剔除不同测量变量对模型的影响、简化数据模型的结构。数据标准化通常包含两个步骤：数据的中心化和归一化。

数据的中心化处理是指将数据进行平移变换，使得新坐标系下的数据和样本集合的重心重合。对于数据阵 $X(N \times J)$，数据中心化的数学表示式如下：

$$\tilde{x}_{n,j} = x_{n,j} - \overline{x}_j, \quad n = 1,2,\cdots,N; j = 1,2,\cdots,J$$

$$\overline{x}_j = \frac{1}{N}\sum_n x_{n,j} \tag{3.1}$$

式中，N 是样本点个数；J 是变量个数；n 是样本点索引；j 是变量索引。

中心化处理既不会改变数据点之间的相互位置，也不会改变变量间的相关性。

过程变量测量值的量程差异很大，比如轧制过程的活套系统的张力测量值的波动范围为 100 左右，而活套角度的改变一般不超过 1°，实际上张力测量值没有角度测量值对监控过程重要，但是张力测量也会占主导地位。而且量纲的不同使我们很难对主元的物理意义做出解释。在工程上，这类问题称为数据的假变异，并不能真正反映数据本身的方差结构。为了消除假变异现象，使每一个变量在数据模型中都具有同等的权重，数据预处理时常常将不同变量的方差归一实现无量纲化，即

$$\tilde{x}_{n,j} = x_{n,j} / s_j, \quad n = 1,2,\cdots,N; j = 1,2,\cdots,J$$

$$s_j = \sqrt{\frac{1}{N-1}(x_{n,j} - \overline{x}_j)^2} \tag{3.2}$$

在数据建模方法中，最常用的数据标准化则是对数据同时作中心化和方差归一化处理，即

$$\tilde{x}_{n,j} = \frac{x_{n,j} - \overline{x}_j}{s_j}, \quad n = 1,2,\cdots,N; j = 1,2,\cdots,J \tag{3.3}$$

3.3　多元统计分析主要方法

多元统计状态监测及故障诊断方法所依托的主要理论是 PCA 方法、ICA 方法、PLS 方法、FDA 方法为核心的多元统计分析方法。下面将详细介绍 PCA 方法、ICA 方法、PLS 方法和 FDA 方法的主要原理以及基于统计过程监测方法中所涉及的若干问题[109]。

3.3.1　主成分分析方法

PCA 方法是一种多元统计方法，属于无监督学习的一种，它能够实现复杂样本的降维，即通过特征提取来生成缩减变量，同时又不会失去样本中所携带的重要信息。这里的变量缩减是通过变量的线性变换来实现的。在数据爆炸的时代，PCA 方法广泛地应用于模式识别、神经科学、过程控制、故障诊断、经济管理等诸多领域。特别是在复杂的工业过程中，PCA 方法在故障诊断方面发挥了重要的作用。同时，PCA 方法也是多元统计过程监控框架下基本的投影模型之一，是其

他各种基于数据驱动方法的基础。基于 PCA 的故障诊断算法是以 PCA 方法为基础，借助 PCA 对过程空间进行投影，然后在投影空间下，利用统计学方法设置合理的统计量对过程进行监控。

其主要思想是通过线性空间变换求取主元变量，将高维数据空间投影到低维主元空间。由于低维主元空间可以保留原始数据空间的大部分方差信息，并且主元变量之间具有正交性，可以去除原数据空间的冗余信息，PCA 方法逐渐成为一种有效的数据压缩和信息提取方法，已在数据处理、模式识别、过程监测等领域得到越来越广泛的应用[110]。

1. 主成分分析方法的数学推导

从几何角度解释主成分分析方法，其实质就是对原观测数据的坐标系进行一

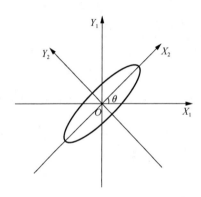

图 3.1　椭圆形二维数据分布

系列的平移和旋转，使得转化得到的新坐标原点与原观测数据的重心重合，而在这个新坐标系中，其第一个坐标轴表示数据变化最大的方向，与第一个坐标轴垂直的第二坐标轴则表示数据变化第二大的方向，依次类推，第三个坐标轴与第二个坐标轴垂直且表示第三大的数据变化方向……根据原始观测数据的统计特性，可以得到任意数量的表示数据变化大小的坐标轴[111]。如图 3.1 所示，N 个样本具有二维属性 X_1 和 Y_1，分布呈椭圆状。

若将坐标系 X_1-Y_1 逆时针旋转角度 θ，即取椭圆长轴方向为 X_2，短轴方向为 Y_2，则旋转公式为[112]

$$\begin{cases} X_{2j} = X_{1j}\cos\theta + Y_{1j}\sin\theta \\ Y_{2j} = X_{1j}(-\sin\theta) + Y_{1j}\cos\theta \end{cases} \tag{3.4}$$

式中，$j = 1, 2, \cdots, N$。

样本数用矩阵的形式表示为

$$Y = \begin{bmatrix} X_{21} & X_{22} & \cdots & X_{2N} \\ Y_{21} & Y_{22} & \cdots & Y_{2N} \end{bmatrix} = \begin{bmatrix} \cos\theta & \sin\theta \\ -\sin\theta & \cos\theta \end{bmatrix} \begin{bmatrix} X_{11} & X_{12} & \cdots & X_{1N} \\ Y_{11} & Y_{12} & \cdots & Y_{1N} \end{bmatrix} \triangleq U \cdot X \tag{3.5}$$

式中，U 为坐标旋转变换矩阵，它是正交矩阵，即有 $U^T = U^{-1}$，$UU^T = E$。

变换后，得到如图 3.2 所示的新坐标系 X_2-Y_2，它具有如下性质：①N 个点的坐标 Y_2 和 X_2 的相关系数最小，接近于零；②二维平面上的 N 个点的方差大部分都体现在 X_2 轴上，其余部分体现在 Y_2 轴上；③X_2 和 Y_2 称为原始变量 X_1 和 Y_1 的综合变量。由于 N 个点在 X_2 轴上的方差最大，如果将二维空间的点用 X_2 轴上的坐

标代替，其信息损失最小，由此可称 X_2 轴为第一主成分，Y_2 轴与 X_2 轴正交，为第二主成分[112]。

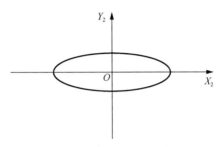

图 3.2　新坐标系下的椭圆分布

可见，一旦选中合适的坐标系就可将原数据转换至更低维空间。而实际应用中维数往往很大，不便于直接在平面上观察其特性，为此，可从"协方差矩阵"出发，阐述主元分析的原理和步骤[112]。对一维数据而言，常用指标方差（var）来描述变量偏离平均值的程度，方差越大表明数据所含的信息量或能量越大，其定义如下：

$$\mathrm{var}(X) = \frac{\sum_{i=1}^{N} (X_i - \overline{X})(X_i - \overline{X})}{N-1} \tag{3.6}$$

式中，N 为样本数目；$\overline{X}$ 为维度 X 的均值。

推广到多维数据集，人们除了关注每一维的方差，还关注不同维度间的关系，即相关性。相关性可用协方差（cov）来度量，定义如下：

$$\mathrm{cov}(X,Y) = \frac{\sum_{i=1}^{N} (X_i - \overline{X})(Y_i - \overline{Y})}{N-1} \tag{3.7}$$

式中，X,Y 表示两个不同的维度；$\overline{X},\overline{Y}$ 是 X,Y 的均值。

协方差的值如果为正，说明两者正相关；若为负，则说明两者负相关；若为 0，则表明 X,Y 不相关[112]。如果数据集的维数多达 d，则需要计算 $\dfrac{d!}{(d-2)! \times 2}$ 个协方差才能完全表示它们之间的关系，可将这些不同的协方差按式（3.7）组织成协方差矩阵：

$$C_{d \times d} = c_{i,j}, \quad c_{i,j} = \mathrm{cov}(\mathrm{Dim}_i, \mathrm{Dim}_j) \tag{3.8}$$

式中，Dim_i 表示第 i 维度；Dim_j 表示第 j 维度。

可见，协方差矩阵描述了各维度间关系的全部信息，因此有理由相信通过适当的变换处理即可发掘出代表原数据的更简约特征，PCA 的工作本质上包括两个不同的任务：一是去除"噪声"数据；二是去除"冗余"信息。分述如下。

（1）噪声是指干扰有效信息的信息。假设样本中某维度 A 最能代表原始数据的本质，是价值最高的信息。但由于它与其他维度存在相关性，受其影响，能量削弱了。因而希望通过 PCA 处理后，维度 A 与其他维度的相关性尽可能减弱，进而突出 A 应有的能量，如 X_2 轴[112]。

（2）冗余是指本身信息量较小的维度，即使该维度和其他数据之间并无相关性，但它对于区分不同的样本意义不大。一个极端的情形是：所有的样本中该维度为同一值，也就是该维度上方差为零，此即冗余信息，PCA 处理应去除这样的冗余[112]。

由此联想前文所示的协方差矩阵，其主对角线元素是各维度上的方差，其余元素为两两维度间的协方差。对"降噪"而言，希望不同的维度间相关性尽可能小，用数学语言表述就是将协方差矩阵作对角化处理，即变换非对角线元素使其为零。经对角化处理后，所得矩阵的对角线元素即协方差矩阵的特征值，它具有两重含义：①它是各维度上的新方差；②它表明了各维度所应拥有的信息量。进而，对于去冗余操作可考虑仅仅择取前若干个含有较大特征值的维度，而忽略较小特征值所对应的维度[112]。

由上述两步操作可知，PCA 处理在数学上的具体实施方法就是对角化协方差矩阵并选择其特征值较大的若干主元。对数据集 $X \in R^{N \times d}$（N 为样本数目、d 为维数），PCA 处理的第一步一般是将样本矩阵标准化（即均值归零和方差归一化），具体做法是将每列数据减去维度均值再除以标准差，这样避免了变量量纲差异带来的分析结果的差别。设标准化后矩阵的协方差矩阵可按式（3.9）计算：

$$C = \frac{S^{\mathrm{T}}S}{N-1}, \quad C \in R^{d \times d} \tag{3.9}$$

为将矩阵 C 对角化，需找出一个正交矩阵 P，使其满足下式：

$$P^{\mathrm{T}}CP = \Lambda \tag{3.10}$$

数学上可这样操作，先对 C 作特征值分解得到特征值矩阵，即对角阵 Λ，以及特征向量矩阵并正交化即为 P，显然有 $\Lambda, P \in R^{d \times d}$。若取前 $p(p<d)$ 个较大的特征值，可组成新的对角阵 $\Lambda_1 \in R^{p \times p}$，对应的特征向量组成新的特征向量矩阵 $P_1 \in R^{d \times p}$，且满足：

$$P_1^{\mathrm{T}}CP_1 = \Lambda_1 \tag{3.11}$$

该特征向量矩阵 P_1 即为载荷矩阵。假设 PCA 降维后得到样本矩阵 S_1，显然，由上述推导步骤可知，S 中各个维度间的协方差已接近零，其协方差矩阵为 Λ_1，且满足：

$$\frac{S_1^{\mathrm{T}}S_1}{N-1} = \Lambda_1 \tag{3.12}$$

将式（3.12）带入式（3.11）得

$$\frac{S_1^{\mathrm{T}} S_1}{N-1} = \varLambda_1 = P_1^{\mathrm{T}} \left(\frac{S^{\mathrm{T}} S}{N-1} \right) P_1 = \frac{(SP_1)^{\mathrm{T}} (SP_1)}{N-1} \tag{3.13}$$

对比式（3.12）和式（3.13）有：$S_1 = SP_1$，$S_1 \in R^{N \times p}$。由于样本矩阵 S 的行表示样本，特征向量矩阵 P_1 的列为特征向量，右乘 P_1 相当于样本以 P_1 的特征向量为基进行线性变换，得到的新矩阵 S_1 中样本的维数由 d 变为 p，从而完成降维操作。由此过程不难发现：P_1 中的特征向量即新空间的坐标系，亦称为主元，这是"主成分分析方法"名称的由来。此外，S_1 的协方差矩阵 $\varLambda$ 为近似对角阵，说明不同维度间已基本独立无关，噪声已消失，冗余信息已丢弃，至此 PCA 的数学推导已经完成[112]。

2. 基于 PCA 的故障诊断的基本原理

假设对某一过程通过 n 个传感器进行 m 次独立采样，得到 n 维随机变量 $x = [x_1, x_2, \cdots, x_n]^{\mathrm{T}}$ 的观测矩阵 $X \in R^{m \times n}$，其中 X 的每一行 $x(k)$ 代表一个样本，X 的每一列 x_i 代表一个测量变量。为了消除因量纲不同引起虚假主元的影响，需要对采集的第 k 时刻的样本 $x_i(k)$ 进行标准化处理。

$$x_i^*(k) = \frac{x_i(k) - E\{x_i\}}{\left(\mathrm{var}\{x_i\} \right)^{1/2}}, \quad i = 1, 2, \cdots, n; k = 1, 2, \cdots, m \tag{3.14}$$

式中，$E\{x_i\}$ 和 $\mathrm{var}\{x_i\}$ 分别表示第 i 个变量的样本均值和样本方差，分别为

$$E\{x_i\} = \frac{1}{m} \sum_{k-1}^{m} x_i(k), \quad i = 1, 2, \cdots, n; k = 1, 2, \cdots, m \tag{3.15}$$

$$\mathrm{var}\{x_i\} = \frac{1}{m} \sum_{k-1}^{m} \left[x_i(k) - E\{x_i\} \right]^2, \quad i = 1, 2, \cdots, n; k = 1, 2, \cdots, m \tag{3.16}$$

这样，x_i 就转化为零均值单位方差的变量了。由标准化样本 $x_i(k)$ 构成的矩阵标准化观测矩阵 X^* 为

$$X^* = \begin{bmatrix} x_1^*(1) & x_2^*(1) & \cdots & x_n^*(1) \\ \vdots & \vdots & & \vdots \\ x_1^*(m) & x_2^*(m) & \cdots & x_n^*(m) \end{bmatrix} \in R^{m \times n} \tag{3.17}$$

将矩阵 X^* 分解为 n 个向量的外积和：

$$X^* = t_1 p_1^{\mathrm{T}} + t_2 p_2^{\mathrm{T}} + \cdots + t_n p_n^{\mathrm{T}} = T P^{\mathrm{T}} \tag{3.18}$$

式中，$p_i \in R^n$ 为负荷向量；$P = [p_1, p_2, \cdots, p_n]$ 为负荷矩阵，也称为投影矩阵；$t_i \in R^n$ 为得分向量，即 X^* 的主元向量；$T = [t_1, t_2, \cdots, t_n]$ 为得分矩阵，表示原数据矩阵在负荷方向上的投影。

每个得分向量间都是互相正交的，每个负荷向量间也是互相正交，并且每个

负荷向量均为单位向量，即

$$t_i^{\mathrm{T}} t_j = 0, \quad p_i^{\mathrm{T}} p_j = 0, \quad i \neq j \tag{3.19}$$

$$p_i^{\mathrm{T}} p_j = 1, \quad i = j \tag{3.20}$$

将式（3.18）等号两边同乘 p_i 可得

$$X^* p_i = t_1 p_1^{\mathrm{T}} p_i + t_2 p_2^{\mathrm{T}} p_i + \cdots + t_n p_n^{\mathrm{T}} p_i \tag{3.21}$$

将式（3.19）和式（3.20）带入式（3.21）可得

$$t_i = X^* p_i \tag{3.22}$$

由 3.2 节的数学推导可知，矩阵 X^* 的负荷向量可以通过奇异值分解（singular value decomposition，SVD）来解决，如下：

$$\frac{1}{\sqrt{n-1}} X = U \varSigma V^{\mathrm{T}} \tag{3.23}$$

式中，$U \in R^{m \times m}$ 及 $V \in R^{n \times n}$ 均为酉矩阵；$\varSigma \in R^{n \times n}$ 为对角阵，其对角线上为递减的非负特征值。

式（3.23）等价于 X^* 的协方差矩阵：

$$S = \frac{1}{n-1} \left(X^* \right)^{\mathrm{T}} X^* \tag{3.24}$$

对 S 进行奇异值分解：

$$S = P \varSigma P^{\mathrm{T}} \tag{3.25}$$

式中，$\varSigma \in R^{n \times n}$，对角线元素为由大到小排列的特征值，特征值等于 X^* 在负荷矩阵 P 相应的方向上的方差；P 为矩阵 X^* 的负荷矩阵，P 中的负荷向量即为与特征值 $\lambda_1 > \lambda_2 > \cdots > \lambda_n \geqslant 0$ 对应的特征向量 $p_1, p_2, \cdots, p_n$，负荷向量 p_i 代表数据的变化度，其中，p_1 为数据 X^* 变化最大的方向，p_2 与 p_1 正交且为数据变化第二大的方向，依此类推，p_n 代表数据 X^* 变化程度最小的方向[113]。

由于数据阵 X^* 中存在着相关关系，它的主要变化体现在前面几个负荷向量的方向上，而数据阵 X^* 在后面的几个负荷向量方向上的投影（即与 X^* 的变化方向较小的负荷向量所对应的得分向量）往往是由噪声引起的，因此为了有效去除原数据的相关性，降低干扰的影响，保留了与前 a 个最大特征值所对应的 a 个负荷向量，组成负荷矩阵 $P \in R^{n \times a}$，则 X^* 到低维特征空间的投影主要包含在得分矩阵 T 中[114]。

$$T = XP \tag{3.26}$$

这样，原始空间就被划分为主元空间 $\hat{X}$ 和残差空间 E。

$$X^* = \hat{X} + E = TP^{\mathrm{T}} + E \tag{3.27}$$

残差矩阵 E 包含了与 $n - a$ 个最小特征值对应的特征向量张成的原始空间变化量，在这些负荷向量上投影得到的得分主要是由测量噪声引起的，因此将 E 从

X^* 中去除不会使数据有明显的损失，这样 X^* 可以近似表示为 $\hat{X}$。主成分分析方法中进行的数据降维处理其实是通过坐标变换在一个变量空间中建立了一个由 $p_1, p_2, \cdots, p_n^*$ 确定的 n 维子空间，即得分空间。确定了得分空间中的每一个坐标方向，而原始的变量在新坐标上的投影就成为主元变量。当原始变量之间有高度线性关系时，得分空间中前 $a(a<n)$ 个坐标上就集中了 X^* 中数据变化信息的大部分，也就是用少量的主元变量（前 a 个得分）就能够表现原始变量大部分的动态信息。后 $m-a$ 个主元所包括的信息，一般看作是数据中的噪声和误差信息[112]。

3. 主元的选取

选择合适的主元个数是建立主成分分析方法模型的关键之一。主元个数的多少直接关系到所建立主元模型质量的好坏。若选取的主元个数过多，则会将待处理的过程数据中的测量噪声过多地引入主元模型中，这势必会增大主元模型的偏差，从而增加采用主成分分析方法进行数据处理的误差；若选取的主元个数过少，则对过程数据的解释能力就会不足，使过程数据中较多的有用信息丢失，此时得到的主元模型存在着严重失真，采用这种主元模型进行数据处理，不仅结果会出现较大误差，甚至有可能得到错误的结果[111]。

关于主元选取的方法目前已有很多种，其中比较常见的方法有：交叉检验（cross validation）方法、累积方差百分比（cumulative percent variance，CPV）方法、赤池信息量准则、最小化传感器重构误差和能量百分比（energy percent）方法等[115]。交叉检验方法就是将过程数据分成两部分来建立主元模型，其中一部分数据用来建立主元模型，另外一部分数据用来检验所建立的主元模型。具体来说，就是首先通过试选选出不同的主元个数建立与之相对应的几个主元模型，然后将检验数据输入到这些主元模型中进行测试，进而从中选出对应测试误差最小的那个主元模型，误差最小的主元模型中的主元个数就是最佳主元个数。累积方差百分比方法的主要思路是通过计算前 a 个主元占所有主元方差的百分比，设定某个阈值百分比来作为主元个数选取的标准，当主元方差百分比大于这个阈值百分比时，对应的主元个数就是要选择的主元个数[38]，即

$$\text{CPV} = \left(\frac{\sum_{i=1}^{t} \lambda_i}{\sum_{i=1}^{n} \lambda_i} \right) \times 100\% \tag{3.28}$$

式中，n 表示数据矩阵中变量的个数；λ_i 表示待测数据矩阵 X 的协方差矩阵的第 i 个特征值。

在大多数情况下，设定的阈值百分比一般为 85%，特别地，当实际要求不太苛刻时，一般只需要选取前两个主元就可以对观测数据矩阵给予较为满意的解

释[113]。对具体问题所关心的侧重点不同，选取主元的方式也就相应不同，例如，若问题重点在于对数据矩阵的解释程度，就可以采用主元的累积方差百分比的方法来选取主元；若只考虑主元模型的预测性能，就可以采用交叉检验方法选取主元；若在建立主元模型之前，已经对问题进行了特定的统计假设，就可以利用赤池信息量准则来确定在该主元模型中究竟该保留多少个主元，当然也可以通过最小化传感器重构误差来作为相应主元选取的标准。基于数据的故障诊断主要关心对数据矩阵的解释程度，因此本书采用累积方差百分比方法来进行主元模型中相应主元个数的选取[116]。

4. 统计量以及阈值的求解

基于过程历史数据建立起系统正常运行情况下的 PCA 模型后，可以应用多元统计控制量进行状态监测与故障诊断的分析，常用的统计量有两个，即 T^2 统计量和 SPE 统计量[117]。

T^2 统计量是度量样本 $x(k)$ 距离主元子空间原点的距离，T^2 统计量描述了主元子空间中的变量，即

$$T_i^2 = t(k)^{\mathrm{T}} \Lambda_a^{-1} t(k) \tag{3.29}$$

式中，$\Lambda_a = \mathrm{diag}\{\lambda_1, \lambda_2, \cdots, \lambda_a\}$ 是前 a 个较大特征值组成的对角矩阵；$t(k) = P_a^{\mathrm{T}} x(k)$，其控制限（upper control limit，UCL）可由 F 分布确定。

$$\mathrm{UCL} = \frac{a(n^2-1)}{n(n-a)} F_{k,n-i,a} \tag{3.30}$$

式中，n 是主元模型的样本个数；a 是所选主元个数；$F_{k,n-i,a}$ 是自由度分别为 k 和 $n-i$ 时 F 分布的临界值。

SPE 统计量在残差子空间的定义为

$$\mathrm{SPE}(k) = \left\| E(k) \right\|^2 = \left[\left(I - P_t P_t^{\mathrm{T}} \right) x(k) \right]^{\mathrm{T}} \left(I - P_t P_t^{\mathrm{T}} \right) x(k) \tag{3.31}$$

式中，p_t 是主元模型中负载载荷矩阵的前 t 列所构成的数据矩阵。

SPE 统计量的控制限可由对应的高斯分布确定，如下：

$$\mathrm{SPE}(k) = \theta_1 \left[\frac{h_0 C_\alpha \sqrt{2\theta_2}}{\theta_1} + \frac{\theta_2 h_0 (h_0 - 1)}{\theta_1} + 1 \right]^{\frac{1}{h_0}} \tag{3.32}$$

$$\theta_j = \sum_{i=t+1}^{T} \lambda_i^j, \quad j = 1, 2, 3 \tag{3.33}$$

$$h_0 = 1 - \frac{2\theta_1 \theta_3}{3\theta_2} \tag{3.34}$$

式中，C_α 是高斯分布的 α 分位点。

SPE 统计量和 T^2 统计量分别从不同角度反映了观测数据中没有被已选取的主元模型所解释的那部分数据变化情况。SPE 统计量的含义是表示第 k 时刻的观测数据 $x(k)$ 相对于其主元模型的背离程度，通过这个背离程度来作为衡量主元模型对应的外部数据变化的一个测度[118]。T^2 统计量的含义是反映每个数据采样点在幅值及变化趋势方面相对于已选取的主元模型的偏离程度，将这个偏离程度来作为评价主元模型内部所发生的变化情况的一个测度[111]。

PCA 通过判断 T^2 统计量和 SPE 统计量取值的实际水平和其对应的控制限来确定实际系统是否发生故障。如果通过主成分分析方法计算的 T^2 统计量和 SPE 统计量都处于主元模型所设定的 T^2 统计量的控制限与 SPE 统计量的控制限，那么表明采集的数据是在正常工况下获得的。反之，如果系统发生了故障，那么 T^2 统计量和 SPE 统计量的取值将超出这个设定的控制限。

5. 基于 PCA 的状态监测算法步骤

基于 PCA 的状态监测算法步骤主要包含两大部分，即离线建模和在线监测。具体流程如图 3.3 所示。

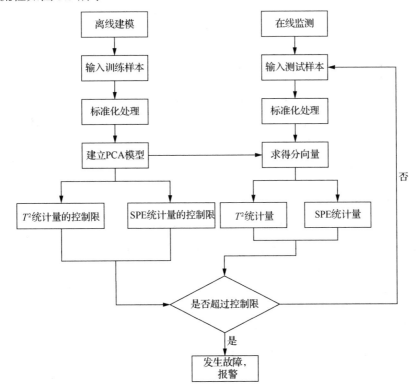

图 3.3　基于 PCA 的状态监测流程图

离线 PCA 模型的建立如下：

（1）采集正常运行状态下的数据 $X \in R^{m \times n}$ ；

（2）对数据 X 进行标准化处理；

（3）求出标准化之后数据的协方差矩阵 S ；

（4）对协方差矩阵 S 进行奇异值分解，求出特征值以及相对应的特征向量并将特征值 λ_i 从大到小排列，负荷向量 p_i 与之一一对应；

（5）采用累计方差贡献率计算主元个数 k ，选取前 k 个负荷向量，由式（3.11）得到主成分得分；

（6）利用式（3.29）和式（3.31）～式（3.34）分别计算 T^2 统计量的控制限和 SPE 统计量的控制限。

在线监测流程如下：

（1）将采集的数据做标准化处理；

（2）利用已建立的主元模型求得测试数据的得分向量；

（3）分别利用式（3.29）和式（3.32）计算测试数据的 T^2 统计量和 SPE 统计量；

（4）将计算得到的 T^2 统计量和 SPE 统计量与控制限比较，监测是否发生故障。

3.3.2　独立成分分析方法

ICA 方法理论最早是针对"鸡尾酒会问题"提出来的，所谓的"鸡尾酒会问题"本身是语音识别问题，是指如何从酒会混乱嘈杂的声音中，摒除不关心的声音，有效提取所关心对象声音的一类问题。最初 ICA 在语音识别领域并未受到广泛关注，真正受到广泛关注是由于盲源分离（blind source separation，BSS）问题出现。盲源分离问题是指不需要先验知识信息，仅通过输出数据便能处理输入系统数据的一类问题。ICA 是处理盲源分离问题的一种分离方法，是一种从源信号中分离出独立成分的技术。

随着国内外专家对 ICA 方法的关注，国内外对 ICA 方法的研究及应用有了新的进展，ICA 实际上是一个优化问题，根据不同的判据优化方法延伸出许多不同的 ICA 方法，例如基于信息极大化原理的 ICA 方法（简称 Infomax 方法），基于最大似然估计（maximum likelihood estimation，MLE）判据、互信息极小化（minimization of mutual information，MMI）判据的优化方法，以及极大峰值法（maxkurt）和雅可比法[65]等方法。

最为常见的快速独立成分分析（fast independent component analysis，FastICA）方法是基于负熵最大化的 FastICA。与其他 ICA 方法相比，FastICA 方法拥有许多优良的特性：

（1）收敛速度比普通的 ICA 方法快；

（2）不需要选择步长，易于使用；

（3）能够直接找到任何非高斯分布的独立成分；

（4）独立成分能一个一个的估计，这在探索性数据分析里非常有用，如果仅需估计一些独立成分时，将极大地减少计算量[119]；

（5）具有很多神经算法都有的并行、分布、计算简单和要求内存小等特点。

FastICA 方法由于具有以上优点，被广泛应用于很多领域，本节详细介绍采用基于负熵最大化的 FastICA 方法。

1. ICA 的定义

为了给出严格的定义，我们采用统计学里的"隐含变量"模型。假设有 m 个观测变量 $x_1, x_2, \cdots, x_m$，它们分别是 $n(n < m)$ 个非高斯分布的独立成分变量 $s_1, s_2, \cdots, s_n$ 的线性组合。其中，独立成分变量和测量变量都是已经均一化的数据[120]，两者之间的关系定义为

$$x = As + n \tag{3.35}$$
$$x = [x_1, x_2, \cdots, x_m]^{\mathrm{T}} \tag{3.36}$$
$$s = [s_1, s_2, \cdots, s_n] \tag{3.37}$$

式中，$A \in R^{m \times n}$ 为未知的传递矩阵或称为混合矩阵；x 为 m 维观测变量；s 为 n 维独立变量；n 为观测噪声[39]。

式（3.35）为 ICA 基本模型，它表示观测数据是如何由独立成分分量混合产生的。独立成分是隐含变量，这意味着它不能直接被观测到，而且混合系数矩阵 A 亦是未知的，已知的仅仅是观测变量 x。如何利用观测变量 x 估计 A 和 s，而且是在尽可能少的假设条件下估出它们，是目前 ICA 要解决的问题[121]。

ICA 的目的就是要寻找一分离矩阵 W，通过它能由观测变量 x 得到相互独立的源变量：

$$y = Wx \tag{3.38}$$

式中，y 即为 s 的估计向量。当分离矩阵 W 是 A 的逆时，y 即是源变量 s 的最佳估计，其中，y 中各分量的排列次序及比例尺度与 s 可能不同。

由于 $m \geqslant n$，这说明 ICA 方法同 PCA 方法一样，也是一种数据压缩、减少数据维数的方法，即能用尽可能少的维数来表达原有尽可能多的信息量。

为了使式（3.35）的 ICA 模型能得到独立成分分量 s_i 相应的估计值，要求它满足一定的假设条件和约束条件，具体如下。

（1）独立成分分量假定是统计独立的。

这是 ICA 依赖的原则，如果这一假设不满足，那么估计算法将不能实现。但只要满足该条假设，就可以建立 ICA 模型，这是 ICA 方法可以应用于众多领域的原因之一。

一般来说,如果随机变量 $y_1, y_2, \cdots, y_n$ 是独立的,则对任意 $i \neq j$ 的变量 y_i 与 y_j, y_i 所包含的信息与 y_j 的值无任何关系。从数学角度上来看,独立可以通过概率密度函数来定义。定义 $p(y_1, y_2, \cdots, y_n)$ 为联合概率密度函数, $p_i(y_i)$ 为 y_i 的边缘概率密度函数。如果随机变量 $y_1, y_2, \cdots, y_n$ 满足独立条件,则联合概率密度函数等于各边缘概率密度函数的乘积[122],即

$$p(y_1, \cdots, y_n) = p_1(y_1) p_2(y_2) \cdots p_n(y_n) \qquad (3.39)$$

(2)独立成分分量服从非高斯分布。

我们一般假设随机变量服从高斯分布,这种分布的高阶统计量为零,但 ICA 在算法中要用到高阶统计量[123]。所以,如果观测变量是服从高斯分布的,则无法利用 ICA 方法进行估计。值得注意的是在基本模型中,并不需要假定独立成分分量服从何种分布,如果独立成分分量分布类型能已知,则问题会变得相当简单[124]。

(3) s 中最多只含有一个高斯变量。

(4)源信号 s 的维数小于等于观测变量的维数。

(5)无噪声或只有低的添加性噪声,即式(3.35)的模型可以简化为[123,125]

$$x = As \qquad (3.40)$$

这样在以上假设条件下,至少满足前两条假设条件的基础上,式(3.40)是可解的。这也就意味着混合矩阵和独立成分分量可以从模型中估计出来。

式(3.35)与式(3.40)在公式求解角度上是没有区别的,式(3.40)中求解的是分离矩阵,而式(3.35)求取的是 A 逆矩阵 W。由此看出,问题得到了很好的定义。也就是说,当且仅当独立成分分量 s_i 满足非高斯分布,并且满足统计独立特性,模型(3.40)一定能求得其估计值。这是 ICA 方法的基本要求,也是与其他统计监控方法的主要区别。从数学角度来看,统计独立是由概率密度函数来定义的[126]。假设有两个随机变量 y_1 和 y_2 是独立的,则满足:

$$p_{y_1, y_2}(y_1, y_2) = p_1(y_1) \cdot p_2(y_2) \qquad (3.41)$$

式中, $p_{y_1, y_2}(y_1, y_2)$ 为联合概率密度函数; $p_i(y_i)(i = 1, 2)$ 为边缘概率密度函数,满足 $p_1(y_1) = \int p(y_1, y_2) \mathrm{d}y_2$, $p_2(y_2) = \int p(y_1, y_2) \mathrm{d}y_1$。

式(3.41)定义可扩张到 n 个随机变量,这种情况下联合概率密度是 n 个随机变量边缘概率密度的乘积。由该定义可对独立的随机变量衍生出一个重要特性:设随机变量 y_1 和 y_2 相互独立,则对于任意两个函数 $f_1(\cdot)$ 和 $f_2(\cdot)$,总有[127]

$$
\begin{aligned}
E\{f_1(y_1) f_2(y_2)\} &= \iint f_1(y_1) f_2(y_2) p(y_1, y_2) \mathrm{d}y_1 \mathrm{d}y_2 \\
&= \iint f_1(y_1) f_2(y_2) p_1(y_1) p_2(y_2) \mathrm{d}y_1 \mathrm{d}y_2 \\
&= \int f_1(y_1) p_1(y_1) \mathrm{d}y_1 \int f_2(y_2) p_2(y_2) \mathrm{d}y_2 \\
&= E\{f_1(y_1)\} \cdot E\{f_2(y_2)\}
\end{aligned}
\qquad (3.42)
$$

由于随机变量的概率密度函数一般都未知，所以从概率密度的角度来度量独立性有一定难度，因此常采用上述方法来度量独立性。通过式（3.42）可以得到随机变量 k 阶矩阵的独立性判据[128]。任给两个随机变量 x 和 y，如果

$$\mathrm{cov}(x, y) = E\{x \cdot y\} - E\{x\} \cdot E\{y\} = 0 \qquad (3.43)$$

那么 x 和 y 不相关，如果

$$E\{x^p \cdot y^q\} - E\{x^p\} \cdot E\{y^q\} = 0 \qquad (3.44)$$

当 p 和 q 取任何整数时，式（3.44）都成立，那么 x 和 y 统计独立。从上面的推导可知，如果 x 和 y 统计独立，那么它们一定不相关；相反，如果 x 和 y 不相关，则并不意味着它们是统计独立的。

根据 ICA 方法的原理可见，该方法的应用是存在一定限制条件的，即假设源信号是统计独立的。不满足这一条件便不存在 ICA 方法，这也是建立 ICA 模型的唯一约束条件。以实际工况背景可以判断，各种源信号是由不同的物理系统发出的，各种源信号之间并不存在密切联系，通常可认为满足统计独立约束条件。ICA 方法是处理非高斯分布的多元统计分析方法，处理的数据要求至多存在一个高斯信号，当存在两个或两个以上高斯信号时，ICA 方法会陷入局部循环，难以实现有效的分离。为了保证采集信号包含更全面的源信号信息，以便提高 ICA 方法的信号分离能力，采集的观测信息数目往往大于源信号。

ICA 方法主要是从多通道观测数据中分离出相互独立的信源，主要分为源信号混合过程、观测信号预处理过程、解混过程三个部分，ICA 要做的重点就是系统解混过程。在实际工况中，源信号的混合过程是自然存在的，每个可观测信号都是由多个独立的信号变量混合组成的；预处理过程中主要的方法为观测向量的标准化和白化（又称球化）处理；解混过程又分为目标函数选择、学习算法选择、分离矩阵求取三部分。

2. 数据预处理

ICA 在对观测数据进行分析之前，一般先要对数据进行白化处理，其目的是去除观测变量的相关性。换言之，观测变量的协方差矩阵等于单位矩阵。白化矩阵 Q 的计算过程为

$$Q = VX \qquad (3.45)$$

$$V = \Lambda^{-1/2} U^{\mathrm{T}} \qquad (3.46)$$

式中，$\Lambda = \mathrm{diag}(\lambda_1, \lambda_2, \cdots, \lambda_n)$，其中 $\lambda_i (i=1,2,\cdots,n)$ 为协方差矩阵 $E\{XX^{\mathrm{T}}\}$ 的前 n 个特征值（特征值从大到小排列）；U 为 n 个特征值对应特征向量组成的矩阵。

至此，获得的新向量 Z 是白化的。

设白化后的信号为 Z，则 Z 满足式：

$$\begin{cases} Z = QX \\ E\{Z \cdot Z^{\mathrm{T}}\} = E\{(Q \cdot X)(Q \cdot X)^{\mathrm{T}}\} = I \end{cases} \tag{3.47}$$

经白化处理后的各信号分量相互正交，消除了原观测信号 X 中各变量之间的相关性。通过式（3.47）可见，白化矩阵并不唯一，任意 RQ（R 为正交矩阵）都是白化矩阵。

通过公式变换可得

$$Z = QX = QAS = RS \tag{3.48}$$

式中，R 为正交矩阵，证明如下：

$$E\{Z \cdot Z^{\mathrm{T}}\} = RE\{S \cdot S^{\mathrm{T}}\}R^{\mathrm{T}} = RR^{\mathrm{T}} = I \tag{3.49}$$

由此，可以用求解正交矩阵 R 来代替求解满秩矩阵 A。由于正交的限制，R 有更少的估计参数。由式（3.48），可以估计 S 如下：

$$\hat{S} = R^{\mathrm{T}}Z = R^{\mathrm{T}}QX \tag{3.50}$$

由式（3.50），可得到 W 和 R 的关系为

$$W = R^{\mathrm{T}}Q \tag{3.51}$$

式中，W 便是解混系统的计算目标，即分离矩阵，是 ICA 方法以及模型构建的核心。

3. ICA 分析中目标函数的选择方法

对混合矩阵 A 的求取等价于求取分离矩阵 W。求取分离矩阵 W 需要选择相关的目标函数求解，求解方法主要有基于非高斯的最大化、互信息的最小化、最大似然函数估计。

1）非高斯的最大化

中心极限定理讨论了在概率论中随机变量序列和分布逐渐趋于高斯分布的情况，根据这一定理我们知道，独立随机变量的和趋近于高斯分布，即独立随机变量的和比原始随机变量中的任何一个更接近于高斯分布。

为简单起见，假设所有独立成分都有相同的分布，为了估计其中的一个独立成分，考虑 x_i 是 $y = Wx = \sum_i W_i x_i$ 的线性组合，如果 W 是分离矩阵的一行，这个线性组合实际上将等于一个独立分量。关键是如何利用中心极限定理确定 W。实际上，不能精确地确定 W，因为矩阵 A 未知。但是可以找到一个很接近的估计，定义 $B = WA$，则有 $y = Wx = WAs = Bs$，y 是 s_i 的线性组合，其权重由 b_i 给出。因为独立随机变量的和比原始变量更接近高斯分布，即 $B \cdot s$ 比任何一个 s_i 更接近高斯分布。因此可把 W 看作是最大化非高斯 Wx 的一个向量，这样的一个向量对应 B，即有 $Wx = Bs$ 等于其中一个独立成分。

最大化 Wx 的非高斯性，可得到一个独立成分。实际上，在 n 维空间最优化非

高斯向量 W 有两个局部最大点，相应的每个独立成分有两个，即 s_i 和 $-s_i$，为找到所有的独立成分，需要找到所有的局部最大点，这并不困难，因为独立分量之间是不相关的[117]。

估计非高斯的测量方法有峰度和负熵。

（1）峰度。经典的测量非高斯方法也称四阶累计量，是高阶累计量，它是引用高阶多项式方差的泛化。累计量有着令人感兴趣的代数和统计特性。随机变量可以被定义为

$$\text{kurt}(y) = E\{y^4\} - 3\left(E\{y^2\}\right)^2 \tag{3.52}$$

为了简化，进一步假设 y 已经标准化。即方差为 1，$E\{y^2\}=1$。这样等式右边简化为 $E\{y^4\} - 3$。如此峰度简化为一标准四阶矩随机 $E\{y^4\}$。如 y 服从高斯分布，则四阶矩阵就等于 $3E\{y^2\}^2$。这样峰度对高斯分布的随机向量为零，对非高斯分布的随机向量不为零。峰度值可正可负，正值称为超高斯分布，负值称为亚高斯分布。通常用峰度的绝对值或平方值来测量非高斯变量。高斯变量的测量值为 0，非高斯变量测量值大于 0。由于其在计算上的简便，已经被广泛地应用于 ICA 和相关领域的非高斯测量。计算简单，是由于峰度能用采样数据的四阶矩阵简单地进行估计，理论分析简单。如果随机变量具有线性特性，则两个独立的随机变量的线性关系为

$$\text{kurt}(y_1 + y_2) = \text{kurt}(y_1) + \text{kurt}(y_2) \tag{3.53}$$

和

$$\text{kurt}(ay_1) = a^4\text{kurt}(y_1) \tag{3.54}$$

式中，a 是一个标量。

（2）负熵。第二个非常重要的非高斯测量方法是负熵，它是基于信息理论中熵的概念。随机变量的熵解释了给定观察变量的信息度，变量越"随机"，则它的熵就越大[118]。

离散随机变量 Y 的负熵定义为

$$H(Y) = -\sum_i P(Y = a_i)\log p(Y = a_i) \tag{3.55}$$

式中，a_i 指 Y 的可能值。

这个定义可以扩展到连续的随机变量，在连续的情况下随机变量的熵称为微熵。设随机向量 y 的概率密度函数为 $p_y(\eta)$，则其微熵 H 被定义为

$$H(y) = -\int p_y(\eta)\log p_y(\eta)\mathrm{d}\eta \tag{3.56}$$

由信息论可知，在所有相同方差的随机变量中，高斯变量具有最大的熵，这就意味着熵能用来作为非高斯性的度量。事实上，就非高斯性度量而言，高斯变

量应该为零，因而微熵的值总是非负的[128]。

为了获得非高斯分布的量测，通常使用负熵理论，负熵 J 的定义如下：

$$J(y) = H(y_{\text{gauss}}) - H(y) \qquad (3.57)$$

式中，y_{gauss} 是与 y 具有相同方差高斯分布的随机变量。

由上述可知，$J(y) \geq 0$，当且仅当 y 具有高斯分布时 $J(y) = 0$。y 的非高斯性越强，$J(y)$ 也越大[129]。由于实际的概率密度函数未知，使用负熵来度量非高斯性非常困难，因此有必要采用一些近似公式去逼近负熵 $J(y)$。

$$J(y) \approx k\left[E\{G(y) - EG(v)\} \right]^2 \qquad (3.58)$$

式中，k 为常数；v 是均值为 0、方差为 1 的高斯变量；函数 G 为一些非二次函数，可选多种形式，如

$$G_1(u) = \log \cosh (a_1 u) / a_1 \qquad (3.59)$$

$$G_2(u) = -\exp(-a_2 u^2 / 2) / a_2 \qquad (3.60)$$

$$G_3 = u^4 / 4 \qquad (3.61)$$

式中，$1 \leq a_1 \leq 2$；$a_2 \approx 1$。

在上述三种形式中，式（3.59）是最为常用的一种形式，可用于一般目的的独立成分提取。若独立成分具有很强的超高斯性，且对估计的鲁棒性要求很高时，式（3.60）是一个更好的选择。式（3.61）实质上是基于随机变量峰度信息的，一般只用于独立成分具有亚高斯性的情况。

2）互信息的最小化

基于信息论的互信息的最小化是利用熵的概念，设有 m 个随机变量 $y_i (i = 1, 2, \cdots, m)$，其互信息定义如下：

$$\begin{aligned} I(y_1, y_2, \cdots, y_m) &= \sum_{i=1}^{m} H(y_i) - H(y) \\ &= \int p(y) \log \frac{p(y)}{\prod\limits_{i=1}^{m} p(y_i)} \mathrm{d}y \end{aligned} \qquad (3.62)$$

式中，$p(y)$ 是随机变量 y 的概率密度函数；$p(y_i)$ 为 y 中各分量的边缘概率密度函数。

显然，$I \geq 0$。如果 y 的各分量之间互相独立，即

$$p(y) = \prod_{i=1}^{m} p(y_i) \qquad (3.63)$$

则互信息 I 为零，因此互信息极小可以作为各成分相互独立的判据。

为使判据实际可用，需要把 I 中有关的概率密度函数展成级数。由于在协方

差相等的概率密度分布中高斯分布的熵最大，因此展开时常用同协方差的高斯分布作为参考标准，利用相关理论展开方式将式（3.63）展开为

$$\frac{p(y_i)}{p_G(y_i)} = 1 + \frac{1}{2!}k_2 y_i h_2(y_i) + \frac{1}{3!}k_3 y_i h_3(y_i) + \frac{1}{4!}k_4 y_i h_4(y_i) + \cdots \qquad (3.64)$$

式中，$p_G(y_i)$ 是与 $p(y_i)$ 具有相同方差（$\sigma^2 = 1$）和均值（$\mu = 0$）的高斯分布；k_2, k_3, k_4 是 y_i 的三阶和四阶累积量；$h_n(y_i)$ 是 n 阶埃尔米特多项式。

此外，还有许多其他展开方式，如埃奇沃思展开，无论采用哪种展开方式，经推导后总可以把式（3.62）中相互信息近似成 k_3, k_4 的函数：

$$I(y) = F(k_{3y}, k_{4y}, W) \qquad (3.65)$$

$F(\cdot)$ 的具体形式视推导时的假设而定。这样就得到互信息判据的实用近似形式为：在 $y = Wx$ 条件下寻找 W，使式（3.65）的 $I(y)$ 极小。

3）最大似然函数估计

估计分离矩阵的一个非常普遍的方法是最大似然函数估计。它与信息原理紧密相关，本质上它与互信息的最小化是相同的。在无噪声的 ICA 模型中可以直接定义似然函数，然后用最大似然函数估计的方法来估计 ICA 模型，如果 W 等于矩阵 A 的逆，对数似然函数可以取为如下形式：

$$L = \sum_{t=1}^{T}\sum_{i=1}^{n}\log f_i(W_i x(t)) + T\log|\det W| \qquad (3.66)$$

式中，f_i 为 s_i 的密度函数；$x(t)(t = 1,2,\cdots,T)$ 是 x 的实现；$\log|\det W|$ 来源于古典规则，该规则可以线性转换随机变量和它们的密度函数。

一般来说，对任何具有密度 p_i 的随机向量 x 和任何矩阵 W，y 的密度可由信息原理给出。

最大似然函数估计判据要求 f_i 的估计概率密度必须准确，在任何情况下，如果关于独立成分特性的信息不准确，最大似然函数估计将会给出完全错误的结论。因此，在使用最大似然估计判据时必须谨慎[130]。

综合以上判据的介绍，一个好的判据应既能反映问题的实质，又便于计算，实现起来简单。

4. 基于 FastICA 的故障检测

1）分离矩阵计算步骤

基于上述以负熵最大化为依据的 FastICA 方法，求解分离矩阵的主要步骤如下：

（1）首先将 x 去均值；

（2）对去均值的数据白化处理，得到白化矩阵 z；

（3）任意选择初始随机权向量 $w(0)$，且满足 $\|w(0)\|_2 = 1$；

（4）令 $w(k) = E\left\{vg\left[w(k-1)^{\mathrm{T}}x\right]\right\} - E\left\{g\left[w(k-1)^{\mathrm{T}}x\right]\right\}w(k-1)$，式中向量 v 的含义同式（3.58）中一样，函数 g 为式（3.59）中函数 G_1 的一阶导数，算子 E 表示数学期望；

（5）归一化处理，即 $w(k+1) = w(k+1)/\|x(k+1)\|_2$；

（6）若 $1 - \left|w(k)^{\mathrm{T}}w(k-1)\right| \geqslant \varepsilon$，令 $k = k+1$，转回步骤（4），否则输出向量 $w(k+1)$，作为 w。

上面的步骤仅可以估计出一个独立分量，若要估计出其他若干个独立成分，可以根据需要重复上述步骤。为防止不同的权向量收敛到相同的极值点，在每一次迭代后应对输出向量 $w_1^{\mathrm{T}}x, w_2^{\mathrm{T}}x, \cdots, w_m^{\mathrm{T}}x$ 去相关。当估计了 p 个独立分量，在得到 p 个列向量 $w_1, w_2, \cdots, w_p$ 基础上求出 w_{p+1}，在每一次迭代后用式（3.67）进行去相关，并重新归一化 w_{p+1}。

$$w_{p+1}(k+1) = w_{p+1}(k+1) - \sum_{j=1}^{p} w_{p+1}(k+1)^{\mathrm{T}}w_j w_j \tag{3.67}$$

$$w_{p+1}(k+1) = w_p(k+1)\Big/\sqrt{w_{p+1}(k+1)^{\mathrm{T}}w_{p+1}(k+1)} \tag{3.68}$$

通过上述算法的步骤，可得到分离矩阵 W，也就可以得到过程独立分量的估计值。

2）建立监测模型

首先对采集的训练数据 X 进行标准化预处理，去除数据之间的相关性；然后应用 ICA 方法建立监测模型。假设训练数据 X 已经过标准化处理，应用基于负熵最大化的 FastICA 方法特征提取，选取 d 个主要的独立成分和 e 个残差独立成分，以及分别对应的分离矩阵 W_d 和 W_e。通过分离矩阵和白化矩阵 Q 的关系，根据式（3.69）和式（3.70）分别求得 B_d 和 B_e，用于统计量的计算。

$$B_d = (W_d Q^{-1})^{\mathrm{T}} \tag{3.69}$$

$$B_e = (W_e Q^{-1})^{\mathrm{T}} \tag{3.70}$$

对于在某一时刻 k 的新采样数据 $x_{\mathrm{new}}(k)$，通过分离矩阵 W_d 和 W_e 可以计算其对应的独立向量：

$$\hat{s}_{\mathrm{new}d}(k) = W_d x_{\mathrm{new}}(k) \tag{3.71}$$

$$\hat{s}_{\mathrm{new}e}(k) = W_e x_{\mathrm{new}}(k) \tag{3.72}$$

5. 统计量及控制限

通过上面建立的监测模型对生产过程进行在线监测，通常采用统计量与其控制限的关系来判断故障是否发生。当在线数据的统计量超过控制限时，则判定故障发生，否则没有故障发生。控制限的选择是否合理极大地影响了故障诊断效果，控制限选取偏大则会导致部分故障无法检测出来，增加漏检率；控制限选取偏小则会导致正常数据误诊断为故障，增加误报率。因此，如何选择合适的控制限非常重要。控制限的确定是在离线建模阶段完成的，是基于正常工况下的采集数据计算得来的，而在线监测时的统计量是基于在线数据计算得来的。ICA 方法主要采用 I^2、I_e^2 和 SPE 三个统计量监测过程是否发生故障。

I^2 是主模型的监测统计量，是 k 时刻主要独立主元 $\hat{s}_{\text{new}d}(k)$ 的标准平方和，是模型内部的表征，定义如下：

$$I^2(k) = \hat{s}_{\text{new}d}^{\text{T}}(k)\hat{s}_{\text{new}d}(k) \tag{3.73}$$

I_e^2 为辅助模型的监测统计量，是一个附加的监控工具，该监测统计量通常是当选择的独立主元个数不恰当时，I_e^2 监测统计量能够补偿选择的误差，从而实现对系统全局的监控，定义如下：

$$I_e^2(k) = \hat{s}_{\text{new}e}^{\text{T}}(k)\hat{s}_{\text{new}e}(k) \tag{3.74}$$

SPE 统计量代表了数据中残差模型的变化，在采样的第 k 时刻，定义如下：

$$\text{SPE}^2(k) = e(k)^{\text{T}}e(k) = (x_{\text{new}}(k) - \hat{x}_{\text{new}}(k))^{\text{T}}(x_{\text{new}}(k) - \hat{x}_{\text{new}}(k)) \tag{3.75}$$

式中，$\hat{x}_{\text{new}}(k) = \text{SPE}^{-1}B_d\hat{s}_{\text{new}d}(k) = \text{SPE}^{-1}B_dW_dx_{\text{new}}(k)$。

在主成分分析方法中，通常假定数据服从高斯分布，可以通过概率密度函数求取统计控制限。但在实际上并非如此，如图 3.4 分别列出了三个统计量的核密度分析图形，由图可见 I^2、I_e^2 和 SPE 不服从高斯分布，因此很难获得概率密度函数，因此 ICA 方法通过引入核密度估计来确定统计量的控制限。

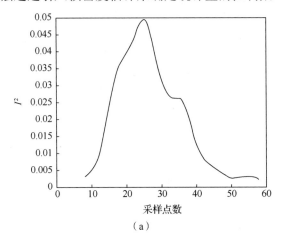

(a)

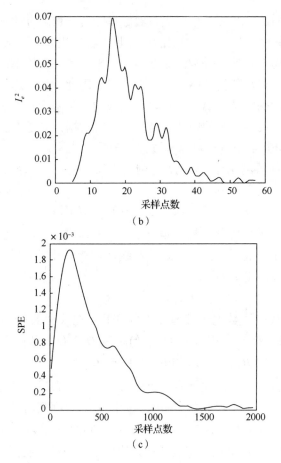

图 3.4　I^2、I_e^2 和 SPE 统计量的核密度分析

给定训练集 $X = [x_1^T, x_2^T, \cdots, x_n^T]$，$x_i \in R^m$，核密度估计为

$$\hat{f}(x, \sigma) = \frac{1}{n\sigma} \sum_{i=1}^{n} \phi(\sigma^{-1/2}(x - x_i)) \tag{3.76}$$

式中，x 为 m 维空间变量；σ 为带宽参数；$\phi(x)$ 为核函数。

核函数选取 $\phi(x_i, x_j) = \exp(-\|x_i - x_j\|^2 / 2\sigma^2)$，最后按 99% 的置信区间确定统计控制限。

简单地说，通过统计量和控制限的大小比较，实现故障检测的步骤如下：

（1）计算正常工况下三个监测统计量 I^2、I_e^2 和 SPE；

（2）采用核密度估计分别计算三个监测统计量 I^2、I_e^2 和 SPE 的控制限；

（3）计算新采样数据下的三个监测统计量 I^2、I_e^2 和 SPE 的值，并与控制限比较，判断是否有故障发生。

FastICA 方法的故障检测流程图如图 3.5 所示。

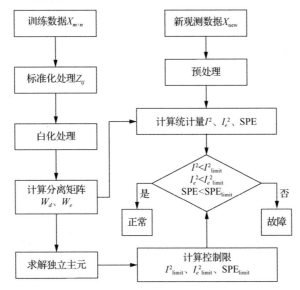

图 3.5　基于 FastICA 的故障检测流程图

3.3.3　偏最小二乘方法

目前几乎所有工业过程都采用了计算机，对成百个变量进行实时监测从而收集大量的数据。温度、流量、压力和浓度等变量通常是按秒或分的间隔来进行采样[23]。然而一些重要的最终产品质量和产量数据，如聚合物相对分子质量及良品率等，依然是离线测量的，并且需要数小时或者数天的时间。为了有效地监测过程的运行性能，充分利用难以获得的产品质量数据，更加有效地控制过程生产出合格的产品，我们不仅需要利用 PCA 等方法分析过程变量的数据 X，还需要充分分析产品质量数据 Y 与过程变量的数据的关系，这就需要用到 PLS。

1. PLS 基本原理

PLS 又称为部分最小二乘法或潜变量结构投影法，这里涉及显变量和潜变量的基本概念。显变量是可直接测量，但对于过程特性或所研究的问题不一定有解释作用的变量，包括自变量矩阵 X 和因变量矩阵 Y；潜变量是指无法直接测量，对过程有真正意义的变量，通常为显变量的线性组合。PLS 是一种降维技术，将输入变量组 X 通过 PCA 方法进行主成分提取，然后使提取主成分后的低维变量组 X 与因变量组 Y 的协方差最大化，从而建立输出变量组 Y 与低维的输入变量组 X 间的回归模型。

假设自变量观测矩阵 $X^{*}=\left[x_{1},x_{2},\cdots,x_{p}\right]^{\mathrm{T}}$，因变量观测矩阵 $Y^{*}=\left[y_{1},y_{2},\cdots,y_{q}\right]^{\mathrm{T}}$。

对每个输入输出变量都进行 n 次采样，即 $X \in R^{n \times p}$ ，$Y \in R^{n \times q}$ 。

首先分别对 X 和 Y 做数据标准化处理，记标准化后的自变量观测矩阵为 E_0 ，因变量观测矩阵为 F_0 ，作为初始化矩阵，令 $h = 1$ 。

E_0 第一个主成分为 t_1 ，并且 $t_1 = E_0 w_1$ ，w_1 是一个单位向量，即 $\|w_1\| = 1$ 。Y 的第一个得分是 u_1 ，$u_1 = F_0 c_1$ ，$\|c_1\| = 1$ 。为了满足回归分析的需要，t_1 和 u_1 应满足如下条件：

（1）t_1 和 u_1 应尽可能多地携带各组变量中的变异信息；

（2）t_1 和 u_1 的相关程度尽可能达到最大。

也就是说 t_1 和 u_1 应满足式（3.77）最大。

$$\mathrm{cov}(t_1, u_2) = \left[\mathrm{var}(t_1) \mathrm{var}(u_1) \right]^{1/2} r(t_1, u_1) \tag{3.77}$$

式中，$r(t_1, u_1)$ 表示 t_1 与 u_1 的相关度。

对于式（3.77），其正规的数学表述应该是求解如下优化问题：

$$\max(E_0 w_1, F_0 c_1)$$
$$\mathrm{s.t.} \begin{cases} w_1^{\mathrm{T}} w_1 = 1 \\ c_1^{\mathrm{T}} c_1 = 1 \end{cases} \tag{3.78}$$

上述 PLS 的解通常采用非线性迭代偏最小二乘（nonlinear iterative partial least square，NIPLS）算法实现，NIPLS 是一种迭代计算方法，它对特征向量进行修正，其结果是使元素发生旋转，逐步改进回归效果。这种迭代就是利用 Y 的特征向量计算 X 的特征向量，反过来再利用 X 的特征向量计算 Y 的特征向量。NIPLS 具体执行过程如下。

（1）取 $E_0 = X$ ，$F_0 = Y$ ，$h = 1$ 。

（2）取 $u_h = y_j$ ，y_j 为 F_{h-1} 中任意一列向量，或者取方差最大的列向量。

（3）计算输入权重向量 w_h ：

$$w_h^{\mathrm{T}} = u_h^{\mathrm{T}} E_{h-1} / \left(u_h^{\mathrm{T}} u_h \right) \tag{3.79}$$

$$w_h = w_h / \|w_h\| \tag{3.80}$$

（4）计算输入得分向量：

$$t_h = E_{h-1} w_h / \left(w_h^{\mathrm{T}} w_h \right) \tag{3.81}$$

（5）计算输出负载向量：

$$q_h^{\mathrm{T}} = t_h^{\mathrm{T}} F_{h-1} / \left(t_h^{\mathrm{T}} t_h \right) \tag{3.82}$$

$$q_h = q_h / \|q_h\| \tag{3.83}$$

（6）计算输出得分向量：

$$u_h = F_{h-1} q_h / \left(q_h^{\mathrm{T}} q_h \right) \tag{3.84}$$

（7）重复步骤（3）→步骤（6），直至收敛。检查收敛的办法是看 t_h 与前一次的差是否在允许的范围之内，通常不超过 10 次迭代就会达到收敛（若 Y 仅含一个变量，则步骤（5）～步骤（7）可以省略，直接置 $h=1$）。

（8）计算输入负载向量：

$$p_h = E_{h-1} t_h \big/ \big(t_h^{\mathrm{T}} t_h\big) \tag{3.85}$$

（9）计算内部模型回归系数：

$$b_h = u_h^{\mathrm{T}} t_h \big/ \big(t_h^{\mathrm{T}} t_h\big) \tag{3.86}$$

（10）求 E_{h-1} 和 F_{h-1} 的缩减矩阵：

$$E_h = E_{h-1} - t_h p_h^{\mathrm{T}} \tag{3.87}$$

$$F_h = F_{h-1} - b_h t_h q_h^{\mathrm{T}} \tag{3.88}$$

（11）令 $h=h+1$，回到步骤（2），直至计算出所有的特征向量。

NIPLS 算法的迭代次数代表了所取的特征向量个数，也就是投影后新的数据空间维数。利用 PLS 方法建立过程模型时，由于建模数据包含冗余信息，根据所需要的模型精度，只需选取前 h 个特征向量。特征向量选择过多的话，会放大噪声并且降低过程监控性能。

图 3.6 为利用 PLS 方法建模示意图。在多数情况下，回归方程并不需要选用全部的特征向量进行回归建模。如果特征向量选择过多，模型反而会引入过多的噪声信息而导致拟合精度过低，使预测精度下降，即所谓的"过拟合"现象。因此，选择适当个数的特征向量，对于提高模型的预测精度至关重要。算法中最常用的确定特征向量数目的方法为交叉检验法。交叉检验法将样本集分为若干组，剔除一组，利用余下的样本来建立 PLS 模型，再用剔除的那组样本作为检验样本，计算模型在其上的预测误差，然后重复上述步骤，直至将每组数据都剔除过一次。将每组数据的模型预测误差求和得到预测残差平方和（predicted residual sum of squares，PRSS）。分别计算取不同个数的特征向量时所对应的 PRSS 值，取 PRSS 值最小时的特征向量数目作为 PLS 模型最后保留的特征向量数目。

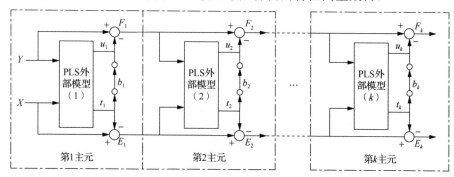

图 3.6　PLS 方法建模示意图

2. 基于 PLS 的故障检测

通过上一节求解 PLS，我们可以得到过程数据（即输入变量 X ）和产品质量数据（即输出变量 Y ）的关系如下：

$$X = TP^{\mathrm{T}} + E \tag{3.89}$$

$$Y = TQ^{\mathrm{T}} + F \tag{3.90}$$

式中，$T = [t_1, t_2, \cdots, t_h]$ 为得分矩阵；$P = [p_1, p_2, \cdots, p_h]$、$Q = [q_1, q_2, \cdots, q_h]$ 为负载矩阵；E、F 为残差矩阵。

令 $W = [w_1, w_2, \cdots, w_h]$，计算由 X 到主元 T 的转变矩阵 $R = [r_1, r_2, \cdots, r_h]$，计算过程如下：

$$\begin{cases} r_1 = w_1 \\ r_i = \prod_{j=1}^{i-1} (I_j - w_j p_j^{\mathrm{T}}) w_i, \quad i > 1 \end{cases} \tag{3.91}$$

对于一组新的经过预处理的采样数据 x_{new}，新的主元就能通过式（3.92）计算：

$$t_{\mathrm{new}} = x_{\mathrm{new}} R \tag{3.92}$$

因此，基于 PLS 的状态监测与故障诊断步骤如下：

（1）获得历史建模数据 X 和 Y 并对其进行标准化处理；

（2）利用 NIPLS 对标准化处理后的输入和输出数据进行 PLS 迭代计算，得到式（3.89）、式（3.90）所示的 PLS 模型；

（3）根据 3.3.2 节计算 SPE 统计量的控制限与 T^2 统计量的控制限；

（4）获取一组新的数据 x_{new}，用建模数据的均值和标准差对其进行标准化处理；

（5）利用式（3.92）计算新采样数据的主元；

（6）根据 3.3.2 节计算新数据的 SPE 统计量和 T^2 统计量；

（7）把新数据的 SPE 统计量和 T^2 统计量与步骤（4）计算得到的控制限对比。当存在某个或者两个监测统计量超过其对应的控制限时，即表明进行该采样时过程处于故障状态。

基于 PLS 的故障检测流程图如图 3.7 所示。

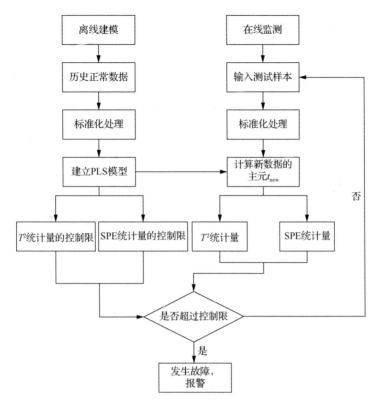

图 3.7　基于 PLS 的故障检测流程图

3.3.4　费希尔判别分析方法

判别分析由来已久，1936 年，费希尔第一次提出了一个表示不同特征变量的线性函数，之后称之为线性判别函数，用来判别一个个体归属于两个总体之一的线性判别方法，从而促成了线性判别函数在多元统计分析中的广泛应用[131]。

在实际中讨论统计问题时，为了获取充分的信息对问题做出较可靠的判断，我们往往选取许多个指标（变量）去进行观测，而这些指标甚至会多到十几个或几十个，因为每个指标都在不同程度上反映所研究问题的信息[131]，但是指标太多会增加对问题分析的复杂性。因此人们自然希望选取的指标个数较少而得到的信息较多。在很多情况下，这些指标之间有一定的相关关系，当两个指标有一定的相关关系时，可以解释为这两个指标反映的信息有一定的重叠。于是从数学上考虑，就是要求有这样一种数学方法：对原来提出的所有变量（即指标，设为 p 个）综合成尽可能少的几个（设为 q 个，$q < p$）综合性变量（即指标），并且要求这 q 个综合变量能充分反映原来的 p 个变量所反映的信息，而且这 q 个综合变量之间互不相关。FDA 就是为了解决类似于上述问题而引进的统计方法。简而言之，

它是将多个变量（指标）综合成少数几个变量（指标）的一种统计方法。

1. FDA 的基本原理

假设不同类的样本数据组成矩阵 $X \in R^{n \times m}$，其中 n 是观测样本数，m 是观测变量数。P 为类别总数，n_j 是第 j 类中的观测样本数，将第 i 个观测样本的测量向量表示为 x_i。首先定义以下几个矩阵：总体离散度矩阵（total-scatter matrix）、类内离散度矩阵（scatter-within-classes matrix）及类间离散度矩阵（scatter-between-classes matrix）。

总体离散度矩阵 S_t 为

$$S_t = \sum_{i=1}^{n} \left(x_i - \overline{x} \right)\left(x_i - \overline{x} \right)^{\mathrm{T}} \tag{3.93}$$

式中，$\overline{x}$ 为总体样本的平均值向量：

$$\overline{x} = \frac{1}{n} \sum_{i=1}^{n} x_i \tag{3.94}$$

χ_i 是属于第 j 类的向量 x_j 的集合，则第 j 类的类内离散度矩阵 S_j 为

$$S_j = \sum_{x_i \in \chi_j} \left(x_i - \overline{x}_j \right)\left(x_i - \overline{x}_j \right)^{\mathrm{T}} \tag{3.95}$$

式中，$\overline{x}_j$ 为第 j 类的总体样本的平均值向量：

$$\overline{x}_j = \frac{1}{n} \sum_{x_i \in \chi_j} x_i \tag{3.96}$$

所以，类内离散度矩阵 S_w 为

$$S_w = \sum_{j=1}^{P} S_j \tag{3.97}$$

类间离散度矩阵 S_b 为

$$S_b = \sum_{j=1}^{P} n_j \left(\overline{x}_j - \overline{x} \right)\left(\overline{x}_j - \overline{x} \right)^{\mathrm{T}} \tag{3.98}$$

总体离散度矩阵、类内离散度矩阵和类间离散度矩阵，三者之间有如下关系：

$$S_t = S_w + S_b \tag{3.99}$$

FDA 通过对以下目标函数寻优求得能代表不同故障类最优分离的方向，即寻找最优的向量。其目标函数为

$$J(w) = \max_{w \neq 0} \frac{W^{\mathrm{T}} S_b^w}{W^{\mathrm{T}} S_w^w} \tag{3.100}$$

式（3.100）的物理意义很明确，其分子使不同类样本之间的离散度尽可能大，而分母使同一类样本间的离散度尽可能小。更具体地讲，第一个 FDA 向量的目的

是使类间离散度最大而类内离散度最小；第二个 FDA 向量的目的是使类间的离散度第二大而类内的离散度第二小，并且所有的轴都垂直于第一个 FDA 向量。其他的 FDA 向量也是如此类推。显然 FDA 向量与 PCA 主元一样，都是相互正交的。

通过对式（3.100）中 w 求导，FDA 向量等价于广义特征问题的特征向量 w_k：

$$S_b w_k = \lambda_k S_w w_k \tag{3.101}$$

式中，特征值 λ_k 表明通过把数据投影到 w_k 上，得到类间的总体分离程度。因为重要的是 w_k 的方向，而不是幅值，所以 w_k 的欧几里得范数可以选择为 1，即 $\|w_k\|=1$，只要 S_w 是可逆的，FDA 向量就可以通过求解广义特征值问题来计算。只要观测样本的数目 n 远远大于测量变量的数目 m，S_w 几乎总是可逆的[131]。

第一个 FDA 向量是具有最大特征值的特征向量，第二个 FDA 向量是具有次大特征值的特征向量，依此类推。最大的特征值 λ_k 表明，当类中的数据投影到相应的特征向量 w_k 上，相对于类的方差，类的均值总体上有最大分离度，因此沿着 w_k 方向上，类间具有最大分离度。因为，S_b 的秩小于 P，所以最多有 $P-1$ 个特征值不等于零。因此，仅仅在这些方向，FDA 提供特征向量有用的排序[131]。

为了更清晰地描述 FDA 的目的，我们定义一个新的矩阵 $W_P \in R^{m\times(P-1)}$，可称为判别权矩阵或者 FDA 变换矩阵，也可称为 FDA 模型。判别权矩阵 W_P 是由 $P-1$ 个向量按特征值从大到小的顺序排列作为列定义的矩阵，即 $W_P=[w_1,w_2,\cdots,w_{P-1}]$。那么数据从 m 维空间到 $P-1$ 维空间线性变换可表示为

$$z_i = W_P^{\mathrm{T}} x_i \tag{3.102}$$

式中，$z_i \in R^{P-1}$ 可以称为判别得分向量。FDA 计算判别权矩阵 W_P，使得 P 类数据投影到 $P-1$ 维空间后，实现了不同类别数据的最优分离。

2. 低维判别空间的确定

当 FDA 应用到独立于训练数据集的新数据时，需要对数据集进行降维。通过降维，FDA 方法分类或诊断的错误率会被大大降低。通常采用交叉检验法来确定降维后的阶次。该方法将数据集分割为训练集和测试集，对训练集中的数据进行降维，每次降维之后，用测试集中的数据评价降维后模型的性能。选取性能最优的模型的阶次作为降维后的阶次。实际上，交叉检验并不总是适用于故障诊断，其主要的原因是可能没有足够多的数据分成两个集合。

通过选择独立参数的个数，可以将模型误差最小化，这样就可以对偏差相对于均方差的贡献率，以及方差相对于均方差的贡献率，进行最优折中[131]。为了最小化均方差，定义如下形式的指标：

$$\text{预测误差项}+\text{模型复杂性} \tag{3.103}$$

通过最小化式（3.103）来确定模型的阶次。赤池信息量准则（Akaike information criterion，AIC）在系统辨识中广泛用来选择最优模型阶次，可以按式（3.103）的形式推导出来[131]。在式（3.103）中，预测误差项是关于模型参数估计值和训练集数据的函数，模型复杂项是关于独立参数数量的函数。在系统辨识中，一般选择预测误差为模型的平均平方预测误差，而复杂项的选择通常是主观确定的。

AIC 的一个优点是它只依赖于一个数据集（训练集）的信息，不像交叉检验那样需要附加数据或者需要分割原始数据集。阶次可以通过计算维数使以下信息判据最小来确定：

$$J(\alpha) = f(\alpha) + \frac{\alpha}{\bar{n}} \tag{3.104}$$

式中，$f(\alpha)$ 是通过把数据投影到前 α 个向量得到的训练集的误诊率；$\bar{n}$ 是各类观测样本的平均数。

训练集的误诊率 $f(\alpha)$ 表示包含在前 α 个 FDA 向量中对模式分类有用的信息量。虽然，训练集的误诊率随着 α 的增大明显减小，但对新数据而言，误诊率是先减小，超过一定阶次后再增大，这是对数据的过适应造成的。经过降维之后，最终确定一个最优的判别权矩阵 W_α（或者是一个最优的 FDA 模型），从而运用判别权矩阵对过程进行故障诊断。

3. 基于 FDA 的故障检测

1）离线建模步骤

假设历史数据库中已经包含了正常工况数据和 p 中故障数据，把它们分别记为 $X_0 \in R^{K \times J}$ 和 $X_p \in R^{K \times J}$，其中 $P = 1,2,\cdots,p$，此时 X_0 和 X_p 都已经经过数据处理，因此用来建立模型的训练数据矩阵为

$$X = \begin{bmatrix} X_0, X_1, \cdots, X_p \end{bmatrix} \tag{3.105}$$

建立好模型后，就可以得到判别矩阵：

$$W = [w_0, w_1, \cdots, w_m] \tag{3.106}$$

我们采用信息判据 AIC 方法对模型降维，记 W_α 为降维后得到的模型，α 为降维的阶次。与此同时，每个故障类的均值判别得分向量 $\bar{T}_p$ 为

$$\bar{T}_p = W_\alpha \times \bar{x}_p \tag{3.107}$$

式中，$\bar{x}_p$ 为第 p 类的均值向量。

分别把判别权矩阵和均值判别得分向量存储到数据库中，以便下一步应用于在线监测步骤。

2）在线监测步骤

（1）m 批次的采样数据经过预处理后记为 X_{new}^m。

（2）计算新的判别得分向量：

$$T_{\mathrm{new}}^{m} = W_{\alpha}^{\mathrm{T}} \times X_{\mathrm{new}}^{m} \tag{3.108}$$

（3）T_{new}^{m} 到每一类的均值判别得分向量 $\bar{T}_p$ 的欧氏距离为

$$D_{\mathrm{new},p}^{m} = \left\| T_{\mathrm{new}}^{m} - \bar{T}_p \right\| \tag{3.109}$$

（4）$D_{\mathrm{new},p}^{m}$ 的最小值所对应的那一类为最终故障诊断结果。

（5）$m = m+1$，返回步骤（1），继续对下一批次进行故障诊断。

3.4　基于多元统计的状态监测

经过主成分分析方法，原始数据空间被分解为两个直交的子空间——由向量 $[p_1, p_2, \cdots, p_A]$ 张成的主元子空间和由 $[p_{A+1}, p_{A+2}, \cdots, p_m]$ 张成的残差子空间。用所得到的 PCA 模型在线监测过程的运行状态时，新测量数据 $x = [x_1, x_2, \cdots, x_m]$，将被投影到主元子空间，其主元得分和残差量由式（3.110）可得

$$\begin{aligned} t &= xP \\ \hat{x} &= tP^{\mathrm{T}} = xPP^{\mathrm{T}} \\ e &= x - \hat{x} = x \cdot (I - PP^{\mathrm{T}}) \end{aligned} \tag{3.110}$$

基于 PCA 的多变量过程监测实际上是通过监测两个统计量，即 T^2 统计量和残差子空间的 Q 统计量（SPE 统计量），以获取整个生产过程运行状况的实时信息。T^2 统计量定义如下：

$$T^2 = tS^{-1}t^{\mathrm{T}} = \sum_{a=1}^{A} \frac{t_a^2}{\lambda_a} \tag{3.111}$$

式中，$t = [t_1, \cdots, t_A]$ 为式（3.110）计算得到的主元得分向量；对角矩阵 $S = \mathrm{diag}(\lambda_1, \cdots, \lambda_A)$ 是由建模数据集 X 的协方差矩阵 $\Sigma = X^{\mathrm{T}}X$ 的前 a 个特征值所构成。

当建模数据集 X 经过标准化预处理后，标准化即为变量均值为 0，方差为 1，式（3.111）可改写为

$$T^2 = tt^{\mathrm{T}} = \sum_{i=1}^{a} t_i^2 \tag{3.112}$$

显然，T^2 统计量是由 a 个主元得分共同构成的一个多变量指标。通过监视 T^2 统计量的控制图可以实现对多个主元同时进行监控，进而可以判断整个过程的运行状态。

Q 统计量是测量值偏离主元模型的距离，定义如下：

$$\mathrm{SPE} = ee^{\mathrm{T}} = \sum_{j=1}^{m} (x_j - \hat{x}_j)^2 \tag{3.113}$$

当生产过程处于被控状态（in-control）时，由正常工况下采集的过程数据建立的 PCA 模型能够很好地解释当前的过程变量测量值之间的相关关系，并能够得到受控的 T^2 统计量和 SPE 统计量。反之，当过程出现扰动、误操作或故障而偏离正常操作工况时，过程变量之间的相关性也将偏离正常的相关结构，导致 T^2 统计量或 SPE 统计量超限。为了客观地判断过程是否出现异常，即当前 T^2 统计量和 SPE 统计量是否不再满足正常操作条件下的两个监测统计量的统计分布，我们需要用建模数据来确定过程正常运行状态下的统计控制限。

T^2 统计量的控制限可以利用 F 分布按式（3.114）计算[132,133]：

$$T_\alpha^2 \sim \frac{A(n-1)}{n-A} F_{A,n-A,\alpha} \tag{3.114}$$

式中，n 为建模数据的样本个数；A 为主元模型中保留的主元个数；α 为显著性水平，$F_{A,n-A,\alpha}$ 在自由度为 A，$n-A$ 条件下的 F 分布临界值。

残差空间中 SPE 统计量的控制限可由式（3.115）计算[134,135]：

$$SPE_\alpha = \theta_1 \left(\frac{C_\alpha \sqrt{2\theta_2 h_0^2}}{\theta_1} + 1 + \frac{\theta_2 h_0 (h_0 - 1)}{\theta_1^2} \right)^{\frac{1}{h_0}} \tag{3.115}$$

$$\theta_i = \sum_{j=A+1}^{m} \lambda_j^i, \quad i = 1, 2, 3, \cdots$$

$$h_0 = 1 - \frac{2\theta_1 \theta_3}{3\theta_2^2}$$

式中，C_α 是高斯分布在显著性水平 α 下的临界值；λ_j 为协方差矩阵 $\Sigma = X^T X$ 较小的特征根。

3.5　基于多元统计的故障分离

当多元统计指标 T^2 统计量和 SPE 统计量超出了正常的控制限，监测程序可以给出警告，提示过程出现了异常操作状况，但是却无法判断原因。贡献图（contribution plot）[136]，作为一种故障诊断的辅助工具，能够从异常的 T^2 统计量和 SPE 统计量中找到那些导致过程异常的过程变量，实现简单的故障分离和故障原因诊断的功能。

针对主元和残差子空间的两个监测统计量，有两种贡献图可用于故障诊断——T^2 统计量的贡献图和 SPE 统计量的贡献图。T^2 从主元形式展开如下：

$$T^2 = t_1^2 + t_2^2 + \cdots + t_A^2$$

第 a 个主元 t_a 对 T^2 的贡献可简单地定义为

$$C_{t_a} = \frac{t_a^2}{T^2}, \quad a = 1, 2, \cdots, A \tag{3.116}$$

而过程变量 x_j 对第 a 个主元的贡献可由主元得分的定义式反推，即

$$t_a = xp_a = [x_1, \cdots, x_m] \cdot \begin{bmatrix} p_{1,a} \\ \vdots \\ p_{m,a} \end{bmatrix} = \sum_{j=1}^{m} x_j p_{j,a}$$

因此，x_j 对 t_a 的贡献率定义为

$$C_{t_a, x_j} = \frac{x_j p_{j,a}}{t_a}, \quad a = 1, 2, \cdots, A; \ j = 1, 2, \cdots, m \tag{3.117}$$

SPE 贡献图要比 T^2 贡献图更简单直观，根据 SPE 监测统计量的定义，每个过程变量对 SPE 的贡献为

$$C_{\text{SPE}, x_j} = \text{sgn}(x_j - \hat{x}_j) \cdot \frac{(x_j - \hat{x}_j)^2}{\text{SPE}} \tag{3.118}$$

式中，$\text{sgn}(x_j - \hat{x}_j)$ 用来提取残差的正负信息。

实际应用贡献图时，可以将式（3.117）和式（3.118）中得到的变量贡献率向量标准化为模长为 1 的向量，然后用柱形图画出每个主元对 T^2 的贡献，以及每个变量对每个主元的贡献，或者每个变量对 SPE 的贡献。对异常的 T^2 和 SPE 监测统计量贡献较大的那些过程变量受过程异常工况的影响比较显著，根据这些信息再利用过程知识，可获取有价值的故障信息。

3.6　基于统计回归的质量预报

工业过程产品的质量指标很难在线测量，通常需要经过实验室测试的质量分析才能够被离线采集并存储在数据库中。因此，产品质量测量值具有严重的时间滞后性，无法及时地给过程控制系统反馈质量信息，这个问题已经成为工业质量控制领域的瓶颈。例如，在轧钢过程中，是通过离线实验分析来获得带钢的质量信息，从而判断产品质量情况。这个问题的存在不但给实现带钢质量的实时监测带来了很大的困难，同时也给进一步提高带钢产品质量和产品合格率带来了很大的障碍。

而轧钢过程中的绝大多数过程变量，譬如轧制力、轧制温度和轧制力矩等，可以轻松的在线测量。这些数据变量除了含有反映过程运行状态的丰富信息，也蕴含着过程最终产品的质量信息。显然，产品质量的波动很大程度上应该反映在过程变量轨迹的变化中。我们可以从过程的历史操作数据中追寻过程变量测量值和产品质量测量值之间的具体关系，通过研究过程变量轨迹的变化，来分析并在

线预测最终产品的质量情况，以期实现过程产品质量的闭环控制。

基于统计回归的质量预报主要包括多元线性回归（multiple linear regression, MLR）、主元回归（principal component regression, PCR）、PLS 等为代表的多元统计回归方法。在数据量大、数据维数高、变量之间具有复杂相关性的实际工业过程中 PLS 方法更具有竞争力。

对于新的输入数据 X_{new}，SPE 预测模型可以通过计算，步骤如下：

（1）令 $E_0 = X_{new}$，$\hat{Y} = 0$，$h = 1$。

（2）计算特征向量，$\hat{t}_h = E_{h-1} w_h$。

（3）计算预测输出，$\hat{Y} = \hat{Y} + b_h \hat{t}_h q_h^{\mathrm{T}}$。

（4）计算输入残差矩阵，$E_h = E_{h-1} - \hat{t}_h p_h^{\mathrm{T}}$。

（5）令 $h = h+1$，转至步骤（2），直至计算出所有 h 个特征向量。

计算 PLS 模型回归系数矩阵 C^{PLS}。C^{PLS} 可以采用式（3.119）计算得

$$C^{\mathrm{PLS}} = W(P^{\mathrm{T}}W)^{-1}BQ^{\mathrm{T}} \tag{3.119}$$

对 X_{new}，利用 C^{PLS} 按式（3.120）直接计算出预测结果：

$$\hat{Y} = X_{new} C^{\mathrm{PLS}} \tag{3.120}$$

预测的具体步骤参见文献[137]。

第4章　基于马氏距离相对变换偏最小二乘的轧钢过程状态监测

4.1　引　　言

实际工业过程中，各种过程变量的量纲各不相同，为了从过程监测相关的数据中有效地提取信息，在使用 PCA、PLS 等多元统计方法进行统计分析之前，通常需要对过程数据进行无量纲标准化处理（使数据矩阵的均值为 0，方差为 1），从而避免个别特殊变量在状态监测方法中占主导地位[138]。但过程数据经过无量纲标准化处理后，在一定程度上消除了部分数据的差异信息，如果从丢失了部分信息的数据中再进行 PCA 或者 PLS 数据降维和特征提取，就很难选取主元或潜变量，或者选取的主元或潜变量并不能包含准确的特征信息，从而使特征提取后的数据信息有误[139]。进一步来说，从无量纲标准化后的数据中提取主元或潜变量，实际上是从各指标的相关系数矩阵中提取主元或潜变量，而相关系数矩阵中只包含了各指标间的相互影响信息，不能反映各指标变异程度上的差异信息。导致特征值大小近似相等、难以获得代表性的主元或潜变量等问题，从而无法建立精确的统计模型，实现状态监测[140]。

文成林等[141]根据系统的先验信息确定各分量的重要程度，提出相对主成分分析的方法，该方法通过对数据的预处理，消除了因为量纲的不同引起的虚假信息，并且在能量守恒的前提下赋予系统各分量不同的权重，最终实现了对数据的特征提取和降维[142]。但是该方法在选取相对变换因子和权重系数的时候需要大量的先验知识，而实际过程中先验知识难以获取，因此该方法很难应用于工业现场的状态监测和故障诊断中[143]。

为了解决上述问题，本书引入相对变换的概念[144,145]，提出了基于马氏距离相对变换偏最小二乘（relative-transformation PLS based on Mahalanobis distance，MRTPLS）方法。该方法引入马氏距离相对变换理论，通过计算采样数据之间的马氏距离，将原始空间数据变换到相对空间，然后在相对空间进行 PLS 变换，提取有代表性的潜变量[146]，并改进 SPE 监控指标，提出一种基于马氏距离的平方预测误差指标，实现对过程的状态监测。通过理论推导，证明了马氏距离相对变换可以直接消除量纲的影响，并给出在相对变换空间进行 PLS 变换的合理解释[147]。最后将 MRTPLS 方法应用于轧钢过程的状态监测，仿真研究结果表明：基于

MRTPLS 方法可以有效地消除变量量纲对数据的影响，提高数据的可分性，使提取的主元特征具有更大的变化度，从而减少主元个数，简化故障诊断模型的复杂度，增强状态监测性能。

4.2　基于马氏距离相对变换的偏最小二乘统计建模

4.2.1　马氏距离相对变换的基本思想

为了解决 PCA、PLS 等多元统计方法中标准化预处理存在的有效变量信息丢失、难以提取有代表性的主元等问题，本书引入相对变换的概念，提出一种基于马氏距离相对变换的数据分析方法，在给出新的方法之前，首先给出相关的定义、结论及证明[148]。

相对变换是根据认知的相对性规律提出的一种数据处理方法[145]，该方法以原始数据空间中的每个数据点作为基向量来构造新的相对空间，在相对空间中测量数据的相似性或距离更符合我们的习惯[149]。相对变换的实现公式如下：

$$\begin{cases} \Gamma : X \to Z \subset R^{|X|} \\ \Gamma_X(x_i) = (d_{i1}, d_{i2}, \cdots, d_{ij}, \cdots, d_{i|X|}) = Z_i \in Z \quad 1 \leqslant j \leqslant |X| \end{cases} \tag{4.1}$$

式中，$X = \left\{ x_1, x_2, \cdots, x_j, \cdots, x_{|X|} \right\}$；$|X|$ 为集合 X 的元素个数；d_{ij} 为相对变换中两个数据点之间的相对距离。

两点之间的相对距离可以通过兰氏距离、马氏距离及欧氏距离等进行计算。由于马氏距离不受量纲的影响，两点之间的马氏距离与原始数据的测量单位无关，并且马氏距离还可以排除变量之间相关性的干扰，直接消除量纲的影响，因此，本章采用马氏距离进行数据的相对变换[150]。下面介绍基于马氏距离相对变换的一些主要定义、定理、结论和证明[151]。

定义 4.1　给定训练集 X，它有 n 个观测值，m 个过程变量。$X = [x_1^{\mathrm{T}}, x_2^{\mathrm{T}}, \cdots x_n^{\mathrm{T}}]$，$x_i \in R^m$。采样点 i 到采样点 j 之间的马氏距离为 $d_m(x_i, x_j) = (x_i - x_j)^{\mathrm{T}} C_X^{-1}(x_i - x_j)$，其中 C_X 为协方差矩阵。

马氏距离的性质如下：

性质 4.1　当且仅当 $i = j$ 时，$d_m(x_i, x_j) = 0$。

性质 4.2　当 $i \neq j$ 时，$d_m(x_i, x_j) > 0$。

性质 4.3　$d_m(x_i, x_j) = d_m(x_j, x_i)$。

性质 4.4　$d_m(x_i, x_j) \leqslant d_m(x_i, x_k) + d_m(x_j, x_k)$。

定理 4.1　相对变换不是等距变换，而是一种放大变换。即 $\forall x_i, x_j \in X$，$d(x_i, x_j) \leqslant d(x_i^{\mathrm{R}}, x_j^{\mathrm{R}})$，其中 X 为原始数据矩阵，x_i^{R} 为相对变换后的向量[152]。

证明　$x_i^R = (d(x_i, x_1), d(x_i, x_2), \cdots, d(x_i, x_n))$，其中 $d(x_i, x_1) = (x_i - x_1)^T \Sigma^{-1} (x_i - x_1)$，$\Sigma$ 为原始数据之间的协方差矩阵。

$$
\begin{aligned}
d(x_i^R, x_j^R)^2 &= \sum_{k=1}^{n} \left[d(x_i, x_k) - d(x_i, x_k) \right]^2 \\
&= \sum_{k=1}^{n} \left[(x_i - x_k)^T \Sigma^{-1} (x_i - x_k) - (x_j - x_k)^T \Sigma^{-1} (x_j - x_k) \right]^2 \\
&= \sum_{k=1, k\neq j}^{n} \left[(x_i - x_k)^T \Sigma_k^{-1} (x_i - x_k) - (x_j - x_k)^T \Sigma_k^{-1} (x_j - x_k) \right]^2 \\
&\quad + \left[(x_i - x_k)^T \Sigma_k^{-1} (x_i - x_k) - (x_j - x_k)^T \Sigma_k^{-1} (x_j - x_k) \right]_{k=j}^2 \\
&= \sum_{k=1, k\neq j}^{n} \left[(x_i - x_k)^T \Sigma_k^{-1} (x_i - x_k) - (x_j - x_k)^T \Sigma_k^{-1} (x_j - x_k) \right]^2 \\
&\quad + \left[(x_i - x_j)^T \Sigma_j^{-1} (x_i - x_j))^2 \right] \geqslant \left[(x_i - x_j)^T \Sigma_j^{-1} (x_i - x_j) \right]^2
\end{aligned}
$$

因此，$d(x_i, x_j) \leqslant d(x_i^R, x_j^R)$。证毕。

除此之外，相对变换具有抑制噪声影响，使分布均匀的数据变得相对密集，更容易选取主元。相对变换还是一种非线性变换，可以在一定程度上解决数据非线性的问题[145]。

定理 4.2　无量纲标准化数据和中心化数据（即原始数据与均值之差）计算出的马氏距离相同。即 $d_m(\tilde{x}_i, \tilde{x}_j) = d_m(x_i, x_j)$，其中 $\tilde{x}_i$ 为标准化之后的数据，x_i 为中心化后的数据。

证明　定义数据阵 $X(n \times m)$，$X = [x_1, x_2 \cdots, x_n]$ 假设数据已经中心化处理，数据标准化的数学表示式为 $\tilde{x}_{i,j} = x_{i,j} / s_j$，$i = 1, 2, \cdots, n; j = 1, 2, \cdots, m$，其中 s_j 为变量 j 的标准差。令 $S = \begin{bmatrix} s_1 & 0 & \cdots & 0 \\ 0 & s_2 & \cdots & 0 \\ \vdots & \vdots & & \vdots \\ 0 & 0 & \cdots & s_m \end{bmatrix}$。标准化数据阵可以表示为 $\tilde{X} = X / S$，$\tilde{X}$ 矩阵中两个列向量 $\tilde{x}_i$ 和 $\tilde{x}_j$ 之间的马氏距离为

$$
\begin{aligned}
d_m(\tilde{x}_i, \tilde{x}_j) &= (\tilde{x}_i - \tilde{x}_j)' C_{\tilde{X}}^{-1} (\tilde{x}_i - \tilde{x}_j) \\
&= [S(x_i - x_j)]' (SC_X S')^{-1} [S(x_i - x_j)] \\
&= (x_i - x_j)' S'(S')^{-1} C_X^{-1} S^{-1} S(x_i - x_j) \\
&= (x_i - x_j)' C_X^{-1} (x_i - x_j) \\
&= d_m(x_i, x_j)
\end{aligned}
$$

证毕。

因此，原始数据经过马氏距离相对变换之后可以直接消除过程变量量纲的影响。故障诊断的本质就是将故障数据样本与正常数据进行分离，是一个判别问题，因此只需要研究数据之间的相对关系，与数据本身的绝对位置无关[153]。同时，马氏距离相对变换考虑的就是数据之间的相对关系，因此马氏距离相对变换不会影响过程数据的状态监测和故障诊断性能[22]。

另外，根据数据分析前后必须保证能量守恒的准则，我们必须保证原始数据矩阵经过马氏距离相对变换前后能量守恒[154]。因此我们需要对此结论进行证明。

定理 4.3　原始数据矩阵经过马氏距离相对变换前后能量守恒，即 $\|X\|_2^2 = M\|X^R\|_2^2$。

证明　给定数据集 $X = \{x_i, i = 1, 2, \cdots, n\}$，$x_i \in R^m$ 为第 i 个采样，该数据集的重心（采样数据的均值矩阵）为 $\bar{X} = (\bar{x}_1, \bar{x}_2, \cdots, \bar{x}_n)$。令 $d_m^2(x_i, x_j) = d_m^2(x_i, \bar{X}) + d_m^2(x_j, \bar{X}) + 2d_m(x_i, \bar{X})d_m(x_j, \bar{X})$，其中 $d_m(x_i, x_j)$ 表示向量 x_i 和 x_j 之间的马氏距离。

$$
\begin{aligned}
d_m(x_i, \bar{X})d_m(x_j, \bar{X}) &= \frac{1}{n^2}\sum_{i=1}^{n}\sum_{j=1}^{n}(x_i - \bar{X})(x_j - \bar{X})^T \\
&= \frac{1}{n}\sum_{i=1}^{n}(x_i - \bar{X})\sum_{j=1}^{n}(x_j - \bar{X})^T \\
&= \frac{1}{n}\sum_{i=1}^{n}(x_i - \bar{X})(n\bar{X} - n\bar{X})^T \\
&= 0
\end{aligned}
$$

$$
\begin{aligned}
\|X^R\|_2^2 &= \frac{1}{n^2}\sum_{i=1}^{n}\sum_{j=1}^{n}d_m^2(x_i, x_j) \\
&= \frac{1}{n^2}\sum_{i=1}^{n}\sum_{j=1}^{n}d_m^2(x_i, \bar{X}) + \frac{1}{n^2}\sum_{i=1}^{n}\sum_{j=1}^{n}d_m^{\;2}(x_j, \bar{X}) \\
&= \frac{1}{n}\sum_{i=1}^{n}d_m^2(x_i, \bar{X}) + \sum_{j=1}^{n}d_m^2(x_j, \bar{X}) \\
&= \frac{2}{n}\sum_{i=1}^{n}d_m^2(x_i, \bar{X}) \\
&= \frac{2}{n}\sum_{i=1}^{n}\sum_{j=1}^{n}\left[(x_i - \bar{X})^T C^{-1}(x_i - \bar{X})\right]^2 \\
&= \sum_{j=1}^{n}\left[\frac{1}{n}\sum_{i=1}^{n}(x_i - \bar{X})^T C^{-1}(x_i - \bar{X})\right]^2 \\
&= 2n(C^{-1})^2\left(\sum_{j=1}^{n}s_j^2\right)^2
\end{aligned}
$$

$$= 2n(C^{-1})^2 \left[\sum_{j=1}^{n} \mathrm{var}(x_j) \right]^2$$

而根据第 2 章中介绍的 PCA 方法可以得到

$$\left[\sum_{j=1}^{n} \mathrm{var}(x_j) \right]^2 = \sum_{j=1}^{n} E\{x_j^2\} = E\{\mathrm{tr}(XX^{\mathrm{T}})\}$$

$$= E\{\mathrm{tr}(XX^{\mathrm{T}})\} = E\{\mathrm{tr}(X^{\mathrm{T}}X)\} = E\{\mathrm{tr}(X^{\mathrm{T}}PP^{\mathrm{T}}X)\}$$

$$= E\{\mathrm{tr}(TT^{\mathrm{T}})\} = \sum_{j=1}^{n} E\{T_j^2\} = \|T\|_2^2$$

根据文献[145]可知，PCA 变换前后能量守恒，可得 $\|T\|_2^2 = \|X\|_2^2$，因此 $\|X^{\mathrm{R}}\| = 2n(C^{-1})^2 \|X\|_2^2 = M \|X\|_2^2$，此时 $M = 2n(C^{-1})^2$，所以 $\|X^{\mathrm{R}}\| = M \|X\|_2^2$，得证。

4.2.2　基于马氏距离相对变换的偏最小二乘统计建模步骤

基于马氏距离相对变换的偏最小二乘统计建模的具体步骤如下。

（1）求取训练数据之间的马氏距离。

给定训练集，输入矩阵为 X（其中 $X \in R^{m \times n}$，m 为过程变量个数，n 为采样个数），输出矩阵为 Y（其中 $Y \in R^{M \times n}$，M 为质量变量个数，n 为采样个数）。训练集表示为 $X = (x_1, x_2, \cdots, x_N)$ 和 $Y = (y_1, y_2, \cdots, y_N)$，将原始数据变换到相对空间：

$$\begin{cases} \Gamma : \Gamma_X(x_i) = (d(x)_{i1}, d(x)_{i2}, \cdots, d(x)_{iN}) = x_i^{\mathrm{R}} \in X^{\mathrm{R}} \\ \Gamma_Y(y_i) = (d(y)_{i1}, d(y)_{i2}, \cdots, d(y)_{iN}) = y_i^{\mathrm{R}} \in X^{\mathrm{R}} \\ d(x)_{ij} = D(x_i, x_j), \quad i, j = 1, 2, \cdots, N \\ d(y)_{ij} = D(y_i^*, y_j^*), \quad i, j = 1, 2, \cdots, N \end{cases} \quad (4.2)$$

式中，D 为两个数据点之间的马氏距离。

（2）构造相对空间矩阵。

相对变换之后的训练集 X 变换到相对空间之后的相对矩阵为 $X^{\mathrm{R}} \in R^{n \times n}$，$Y$ 变换到相对空间之后的相对矩阵为 $Y^{\mathrm{R}} \in R^{n \times n}$。

（3）计算 X^{R} 和 Y^{R} 的残差矩阵。

$$\tilde{X}^{\mathrm{R}} \leftarrow X^{\mathrm{R}} - tt^{\mathrm{T}} X^{\mathrm{R}}, \quad \tilde{Y}^{\mathrm{R}} \leftarrow Y^{\mathrm{R}} - tt^{\mathrm{T}} Y^{\mathrm{R}} \quad (4.3)$$

（4）求出特征值和得分矩阵。

X^{R} 的特征值 λ 和得分矩阵 t 可以通过式（4.4）和式（4.5）分别求得

$$(X^{\mathrm{R}})^{\mathrm{T}} Y^{\mathrm{R}} (Y^{\mathrm{R}})^{\mathrm{T}} X^{\mathrm{R}} = \lambda \omega \quad (4.4)$$

$$t = X^{\mathrm{R}} \omega \quad (4.5)$$

4.3　马氏距离相对变换偏最小二乘方法

4.3.1　监测统计量及其控制限的确定

在基于 MRTPLS 方法中，经过马氏距离相对变换所得到的数据不服从高斯分布，无法满足 PLS 监控方法假定测量数据相互独立且服从高斯分布这一前提条件，因此，统计控制限不能通过高斯分布的近似分布来确定，本章采用核密度估计方法[155]来确定统计控制限。计算方法如下。

给定训练集 $X = [x_1^{\mathrm{T}}, x_2^{\mathrm{T}}, \cdots x_3^{\mathrm{T}}]$，$x_i \in R^m$，核密度估计为

$$\hat{f}(x, \sigma) = \frac{1}{n\sigma} \sum_{i=1}^{n} \phi\left[\sigma^{-1/2}(x_i - x_j) \right] \tag{4.6}$$

式中，x_i 为 m 维空间任一变量；$\phi(x)$ 表示非线性映射函数。

常用的核函数有高斯核函数、三角核函数和多项式核函数等。高斯核是应用最广泛的核，有很好的学习能力，本章选择高斯核函数 $K_{\mathrm{RBF}}(x_i, x_j) = \exp(-\dfrac{\|x_i - x_j\|^2}{2\sigma^2})$，其中，$\sigma$ 为带宽参数，其详细优化过程描述参见文献[156]。本章针对相对空间矩阵内的数据不满足高斯分布的情况，使用核密度估计方法，该方法是一种优化的计算统计控制限方法，性能远远优于近似分布的方法[157]。

对于新的监测数据 X_{new}，求出 X_{new} 中的新采样点到建模数据阵每个采样点的马氏距离，构造新矩阵的相对空间矩阵 $X_{\mathrm{new}}^{\mathrm{R}}$。监测统计量的值按式（4.7）和式（4.8）计算：

$$T_i^2 = t_i \lambda^{-1} t_i = (X_{\mathrm{new}}^{\mathrm{R}})_i P \lambda^{-1} \left[(X_{\mathrm{new}}^{\mathrm{R}})_i P \right]^{\mathrm{T}} \tag{4.7}$$

$$\mathrm{SPE}_i = e_i e_i^{\mathrm{T}} = (X_{\mathrm{new}}^{\mathrm{R}})_i (I - PP^{\mathrm{T}})(X_{\mathrm{new}}^{\mathrm{R}})_i^{\mathrm{T}} \tag{4.8}$$

式中，P 为潜变量对应的负载矩阵；λ 为特征值所对应的对角矩阵；T_i^2 和 SPE_i 为第 i 个采样点的监测统计量。

若监测统计量超限，判断有故障发生；否则，判断无故障发生[158]。

4.3.2　基于马氏距离相对变换偏最小二乘的轧钢过程状态监测步骤

基于 MRTPLS 方法的状态监测步骤如下。

（1）在线获得采样数据。

在线监测时，需要采集当前工况下的在线采样数据，定义新采样数据为 X_{new}。

（2）构造相对变换空间矩阵。

利用式（4.2）求出 X_{new} 到建模数据矩阵中的每个采样点的马氏距离，构造新

的相对变换空间矩阵 $X_{\text{new}}^{\text{R}}$ 。

（3）计算相对空间矩阵的特征值和得分矩阵。

首先根据式（4.4）计算 $X_{\text{new}}^{\text{R}}$ 的特征值，然后根据式（4.5）计算得分矩阵 t_R 。

（4）计算监测统计量。

根据式（4.7）和式（4.8）计算 T^2 统计量和 SPE 统计量。

（5）判断监测统计量是否超出统计控制限。

如果两个都没有超出统计控制限，监测程序判定当前工况为正常工况，返回步骤（1）；如果对应的监测统计量均超出统计控制限，则给出故障报警信号[159]。

4.3.3　基于马氏距离相对变换偏最小二乘方法的计算复杂度分析

基于 MRTPLS 方法在统计建模时，将输入矩阵 $X \in R^{m \times n}$ 和输出矩阵 $Y \in R^{M \times n}$ 通过马氏距离相对变换，构造出相对空间矩阵。相对变换之后的训练集 X 变换到相对空间之后的矩阵为 $X^{\text{R}} \in R^{n \times n}$ ， Y 变换到相对空间之后的矩阵为 $Y^{\text{R}} \in R^{n \times n}$ 。因此输入特征空间的规模从 $m \times n$ 维变为 $n \times n$ 维，输出特征空间的规模从 $M \times n$ 维变为 $n \times n$ 维。当采样个数 n 大于过程变量个数 m 和质量变量个数 M 时，本书提出的方法的计算复杂度和统计建模时间都将大于 PLS 方法[160]。但是，由于本书所建立的 PLS 统计模型和 MRTPLS 统计模型都是在离线状态下建立的，所以基于 MRTPLS 方法的计算复杂度不会影响在线监测的实时性。

4.4　仿　真　实　例

4.4.1　概述

活套系统是轧钢生产线中一个重要的环节，通常安装在精轧机架之间。它可以通过角度的变化来实现对张力的控制和调节，维持两轧机之间带钢张力的恒定，协调两轧机轧制速度误差，避免堆钢、拉钢和断带等事故，从而提高轧制产品的质量与生产率。图 4.1 和图 4.2 分别是活套系统的示意图和结构框图[64]，图中显示了活套系统的主要元件：活套液压缸、单向阀、安全阀、伺服操纵阀、换向阀、位置传感器、压力传感器等。当活套系统发生故障时，活套的角度信号的变化就会随之出现异常[161]。所以活套的角度信号是反映活套系统状态的信号。此外，当活套系统发生故障时，轧制力、轧制速度等信号都有异常的变化。而活套系统的故障会直接影响到轧钢生产线的运行及产品质量，因此，以活套系统为例进行状态监测的实验仿真分析具有一定的代表性[162]。

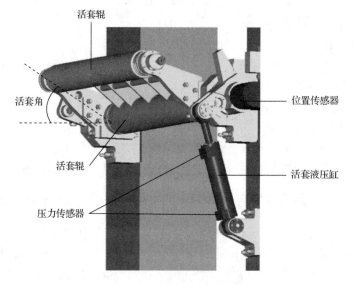

图 4.1　活套系统的示意图

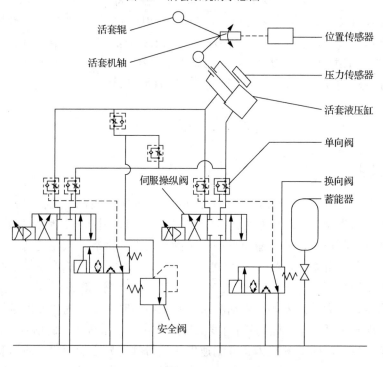

图 4.2　活套系统的结构框图

　　通过对轧钢生产工艺的分析，选取反映轧钢过程的各机架的张力、轧制力及活套转矩等 77 个关键变量作为模型输入，如表 4.1 所示。现场变量的采集频率为

50 次/s，图 4.3 为数据采集系统在半小时内采集的轧钢过程的部分变量数据曲线。

表 4.1　轧钢过程主要变量及其单位

变量序号	变量名称	单位
1～6	L1～L6 活套液压缸压力	kN
7～12	L1～L6 活套角度	(°)
13～18	F1～F7 偏差轧制力	kN
19～24	L1～L6 活套转矩	kN·m
25～31	F1～F7 上工作辊位置	mm
32～38	L1～L6 活套单位张力	kN
39～45	F1～F7 下工作辊位置	mm
46～52	F1～F7 工作辊速度	m/s
53～59	F1～F7 电机转矩	kN·m
60～66	F1～F7 轧制力	kN
67～73	F1～F7 弯辊力	kN
74	精轧入口带钢速度	m/s
75	精轧出口带钢速度	m/s
76	精轧出口带钢温度	℃
77	精轧入口带钢温度	℃

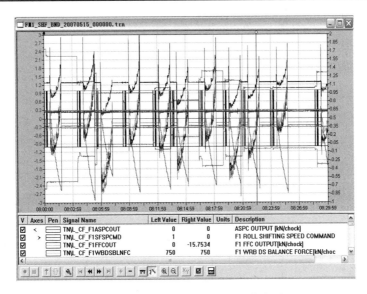

图 4.3　轧钢过程部分变量数据曲线图

4.4.2　仿真结果与分析

我们在实验过程中，首先以活套系统中最常见的故障-活套辊变形故障为例，然后在一组过程数据中人为添加多个故障类型，构造多故障测试数据。从而验证基于 MRTPLS 的状态监测方法的有效性。

1. 单一故障实验

活套辊变形故障是活套系统中最常见的故障，该故障的发生将会导致活套角度信号异常，并影响活套系统的正常运行和带钢质量。本书选取影响活套辊变形故障的活套转矩、活套液压缸压力、活套角度及活套单位张力等 37 个过程变量进行训练建模，采集正常工况下的 400 组数据用于离线训练，根据轧制现场发生的活套辊变形故障，在线采集 200 组采样测试数据（故障发生在第 101 个采样点处）。

在用 MRTPLS 方法对活套故障进行统计建模和状态监控时，必须首先确定监测统计量的控制置信限，由于过程变量经过马氏距离相对变换之后，相对空间中的数据无法满足高斯分布，因此采用核密度估计方法来确定统计控制限。

图 4.4 为基于 MRTPLS 方法的活套辊变形故障的监测结果，从图中可以看出：基于 MRTPLS 方法的 T^2 和 SPE 控制图分别在第 103 和第 102 采样时刻发现

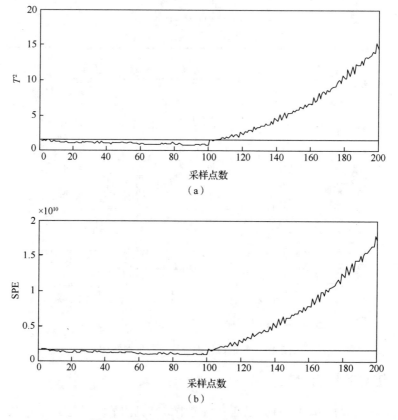

（a）

（b）

图 4.4　基于 MRTPLS 方法的在线监测图

异常，比实际情况分别滞后 2～3 个采样点检测到故障。而从故障显示的持续性来看，除了极小的漏检外，基于 MRTPLS 的方法可以将故障持续显示到过程结束。在进行潜变量选取时，基于 MRTPLS 的故障检测方法提取的第一潜变量的贡献率大于 85%，所以仅需选取一个潜变量即可合理解释数据阵中的大部分变化，因此模型更简单，在线监测的实时性更好。

　　为作比较，采用同样的故障数据，用标准化 PLS 方法直接监测轧钢过程活套系统状态，仿真结果如图 4.5 所示。从图中可以看出，基于标准化 PLS 方法的 T^2 统计量和 SPE 统计量的监测效果比基于 MRTPLS 方法的 T^2 统计量和 SPE 统计量的监测效果要差，其 T^2 统计量和 SPE 统计量在第 136 和第 142 个采样时刻才发现异常，而且在前 100 个采样时刻还存在误诊，表 4.2 给出了两种方法的在线监测性能。从表 4.2 中可以看出，基于 MRTPLS 的状态监测方法的在线监测时间为 0.09s，而基于标准化 PLS 方法的在线监测时间为 0.28s。所以本书提出的基于 MRTPLS 的状态监测方法的监测精度和实时性在很大程度上优于基于标准化 PLS 的状态监测方法。

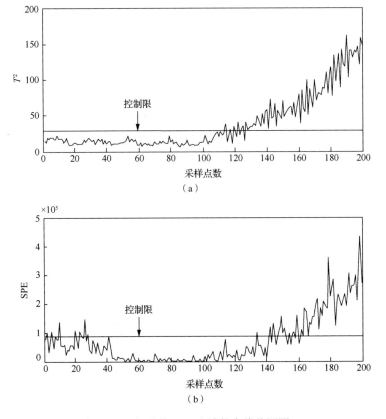

图 4.5　标准化 PLS 方法的在线监测图

表 4.2　基于 MRTPLS 和标准化 PLS 方法的在线监测性能

方法	统计量	检测率	离线建模时间/s	在线监测时间/s
基于 MRTPLS 的过程监控方法	T^2	0.985	1.41	0.09
	SPE	0.990		
基于标准化 PLS 的过程监控方法	T^2	0.820	0.32	0.28
	SPE	0.790		

2. 多故障实验

为了进一步验证 MRTPLS 方法状态监测的有效性，本实验结合轧钢过程，提取活套控制系统中主要的过程变量 77 个，包括活套转矩、活套角度、轧制力、张力及工作辊速度等。采集这些过程变量在正常状态下的 880 个数据，其中 500 个组成训练样本矩阵，余下的 380 个作为测试矩阵。对于测试数据，本实验人为地在第 81～160 个采样点给 L2 的活套角度、F7 的轧制力变量加入 10% 的增益故障信号，在第 201～280 个采样点给 F3 的活套张力信号增加 2.5% 的增益故障信号，在第 351～380 个采样点给 F4 的工作辊速度和 L4 的活套角度分别加入 5% 增益和 0.5° 补偿的故障信号。

本实验分别用基于 MRTPLS 的状态监测方法对训练样本建立统计模型，用累计贡献率原则确定潜变量个数。为作比较，采用同样的故障数据，用基于标准化 PLS 的方法直接监测轧钢过程活套系统状态。图 4.6 和图 4.7 分别为标准化 PLS 和 MRTPLS 统计模型中潜变量累计贡献率，图 4.8 为 MRTPLS 的潜变量累计贡献

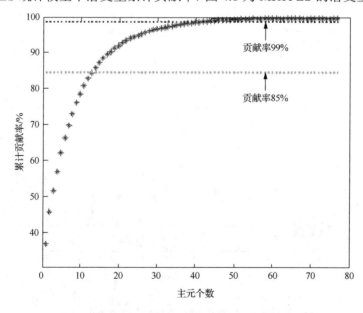

图 4.6　标准化 PLS 的潜变量累计贡献率

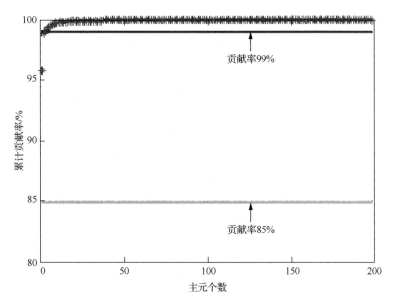

图 4.7　MRTPLS 的潜变量累计贡献率

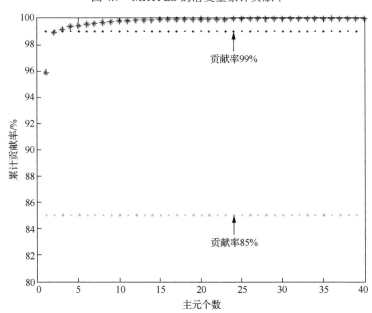

图 4.8　MRTPLS 的潜变量累计贡献率细节图

率细节图，从图 4.6 可看出，用标准化 PLS 方法计算出第一主元的贡献率仅为
36.79%，前 14 个主元的贡献率超过 85%，前 42 个主元的贡献率超过 99%。因此，
这里需要选取 14 个主元来代替原来的 77 个变量。而从图 4.7 和图 4.8 可以看出，
采用 MRTPLS 方法经过马氏距离相对变换化后协方差矩阵的特征值就有明显的差

异了，第一相对主元的贡献率为 95.83%，前 3 个主元的贡献率超过 99%，因此，在信息丢失最小的原则下，仅用一个相对主元就可以合理解释原始数据阵中的大部分变化。

图 4.9 和 4.10 分别描述了基于 MRTPLS 和标准化 PLS 方法的状态监测性能。从图 4.9 可以看出，基于 MRTPLS 的状态监测方法的 T^2 统计量和 SPE 统计量均能准确的监测到采样点 81～160、采样点 201～280 及采样点 351～380 的故障。而根据图 4.10 可以看出，基于标准化 PLS 方法的 T^2 统计量和 SPE 统计量都未能较好的监测到故障。其中 T^2 统计量仅能监测到采样点 350～380 之间的故障，SPE 监测统计量在第 85 个采样点监测到故障后，监测统计量一直超限，直至结束。由以上对比得到结论，利用相对变换建立的 PLS 统计模型具备有效的状态监测能力。

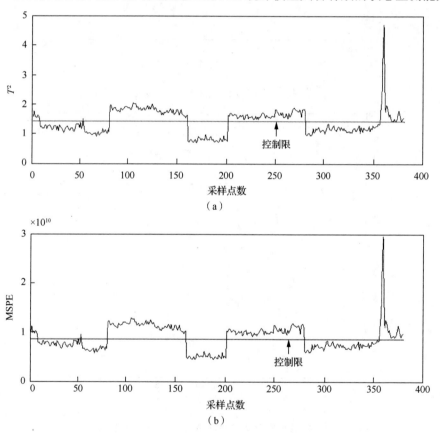

图 4.9　基于 MRTPLS 的状态监测图

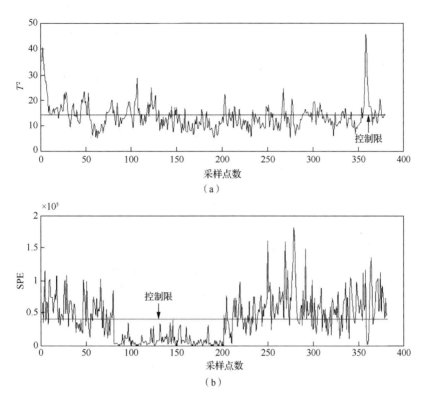

图 4.10　基于标准化 PLS 方法的状态监测图

4.5　本章小结

　　本章针对偏最小二乘方法在无量纲标准化处理后导致的特征值大小近似相等，难以获得代表性的潜变量等问题，提出了一种基于 MRTPLS 的轧钢过程状态监测方法。该方法引入马氏距离相对变换理论，通过计算采样数据之间的马氏距离，将原始空间数据变换到相对空间[163]。然后在相对空间进行偏最小二乘分解，提取有代表性的潜变量，进行统计建模，实现采样数据的状态监测。通过理论推导证明了马氏距离相对变换可以不对数据进行标准化而直接进行数据变换，同时给出了在相对空间内数据进行 PLS 变换的合理解释，表明了基于 MRTPLS 的轧钢过程状态监测方法可以有效地消除变量量纲对数据的影响，提高数据的可分性。以轧钢过程活套系统为背景，用实际数据仿真发现基于 MRTPLS 的轧钢过程状态监测方法仅选取一个潜变量即可合理解释数据阵中的大部分变化，并且能够准确、有效地监测到轧钢过程出现的多个故障同时发生的情况[164]。因此，基于 MRTPLS 的状态监测方法有效解决了传统无量纲标准化方法导致状态监测效果不理想的难题，具有一定的实用价值。

第 5 章　基于 MBRTICA 的状态监测和故障定位

5.1　引　　言

在工业制造高速发展的今天，人们在努力提高产品质量的同时，也在不断强调安全问题的重要性。伴随着复杂的作业环境和客观因素，工业过程中出现设备故障的现象频频发生。因此，基于对生产制造可靠性、安全性的考虑，及时对工业设备进行故障诊断就显得尤为重要。目前，常见的故障诊断方法有 PCA[165]、PLS[166]、ICA[167]等。其中，ICA 打破了 PCA 和 PLS 只能应用于线性过程的局限，并可以广泛地应用在非线性工业系统中。ICA 这种可以从训练信号中去除高阶统计量相关性的方法，对处理非线性数据占尽了绝对优势，也在复杂的工业系统中产生深远的影响。也因这一特点，越来越多的学者将 ICA 应用到工业系统的故障诊断领域中[168]。很多学者根据应用对象对其进行改进，例如：Amari 等[169]将自然梯度与 ICA 融合，大大提高了算法统计的有效性；Hyvärinen 等[170]将牛顿法引入 ICA 中，很大程度地提升了收敛速度，也称其为 FastICA。在各类改进 ICA 方法中，FastICA 因其收敛速度快、计算时间短而备受关注。文献[171]利用 FastICA 从噪声和齿轮信号叠加的振动信号中分离有用的齿轮信号，便于对齿轮箱进行故障诊断。文献[172]提到，使用 FastICA 可通过构造虚拟通道信号将弱信号谱线从非均匀采样的幅值中识别出来，并成功应用于机械故障领域。

在工业生产过程中，数据噪声是不可避免的问题。噪声的存在常常会污染正常数据，改变数据的坐标值[173]。为了减轻噪声对提取信号的影响，有学者利用相对变换的概念[174,175]，将原始空间中无法区分的数据在相对空间中区分开，并结合 PCA 和 PLS 提高故障诊断精度。FastICA 虽然可以较好地分离强信号，但对弱信号的分离却较差，原因在于强信号掩盖了弱信号的统计特征。因此，在强噪声背景下应用 FastICA 也会给检测精度带来一定影响。针对这一问题，有学者提出了基于相对变换的独立成分分析（relative-transformation ICA，RTICA）方法，在采用 FastICA 方法的基础上，利用相对变换过程对噪声的抑制作用，提高检测精度。

工业生产过程中，往往存在很多数据变量，因此分析监控过程中的复杂度也会有所提高。为了克服此困难，一种基于分层和多块统计模型的算法进入了许多研究人员的视线。Westerhuis 等[176]和 Qin 等[177]分别对多块 PCA 和 PLS 进行了全面的分析，得出多块思想可以真实有效地将大规模数据分成多个有意义的模块，降低复杂度。文献[178]也提到，多块概念实质是以一种分块的方式，将变量分开处理后，可通过分别监控每个模块达到故障诊断的目的。

　　为了能够将多块概念和相对变换 FastICA 的优点结合起来，既可以对采样数据进行分块，降低复杂度，又可以抑制噪声，提高检测精度，因此本书提出了基于多块相对变换的独立成分分析（multiple blocks RTICA，MBRTICA）方法。首先，引入多块处理的思想，将整个过程划分成多个子块单元。然后在每个子块单元内分别进行 RTICA 处理，将故障发生位置缩小到某个子块单元，实现故障排查和识别。最后，将本书提出的方法应用于诊断轧机设备轴承裂纹故障，具有一定的实际研究价值。

5.2　多块理论

　　一个完整的工业生产过程涉及许多处理单元，每个单元又包含了不同的变量，一个故障产生的原因也不是唯一的，因此要准确地诊断一个故障的发生原因及位置是极其困难的[177]。而多块处理[178]可以清楚地分离发生故障的单元，然后在该单元中具体分析故障的原因，并将故障原因缩小在一个特定的单元中，提供可能导致故障的变量。

　　目前，这种多块处理的方法已逐渐应用到故障诊断领域中，一般是通过采集信号对变量划分或是根据设备位置划分。虽然没有明确的分块原则，但是在故障诊断领域还是有一些规律可循的。例如，分块尽量避免数据重叠；尽可能将高度耦合的变量分到一个子块单元内；尽量将不同设备单元分开；子块之间的耦合性尽量保持最低等[144]。

　　对于本书要应用到的轧机轴承故障，可将其输入振动信号数据以矩阵 X 的形式呈现，如：

$$X = \begin{bmatrix} a_{11} & \cdots & a_{1i} & \cdots & a_{1n} \\ a_{21} & \cdots & a_{2i} & \cdots & a_{2n} \\ \vdots & & \vdots & & \vdots \\ a_{m1} & \cdots & a_{mi} & \cdots & a_{mn} \end{bmatrix}$$

　　然后依据多块处理中设备位置划分的原则将矩阵 X 按列划分为四块，分别分成四个子块单元：

$$X_1 = \begin{bmatrix} a_{11} & a_{12} \\ a_{21} & a_{22} \\ \vdots & \vdots \\ a_{m1} & a_{m2} \end{bmatrix}, X_2 = \begin{bmatrix} a_{13} & a_{1i} \\ a_{23} & a_{2i} \\ \vdots & \vdots \\ a_{m3} & a_{mi} \end{bmatrix}, X_3 = \begin{bmatrix} a_{1(i+1)} & a_{1(n-2)} \\ a_{2(i+1)} & a_{2(n-2)} \\ \vdots & \vdots \\ a_{m(i+1)} & a_{m(n-2)} \end{bmatrix}, X_4 = \begin{bmatrix} a_{1(n-1)} & a_{1n} \\ a_{2(n-1)} & a_{2n} \\ \vdots & \vdots \\ a_{m(n-1)} & a_{mn} \end{bmatrix}$$

由此，可记作以下形式：

$$X = [X_1\ X_2\ X_3\ X_4]$$

通过分块划分后，分别对子块单独处理，不仅简化矩阵形式，方便运算，而且可以将相似变量划分在一个子块，便于故障诊断。一旦在某个子块单元检测出故障，便可以得到故障发生的具体位置，方便寻找故障源[179]。

5.3　RTICA 故障检测方法

5.3.1　相对变换

相对变换是人们根据对事物的认知规律，所提出来的一种数据处理方法[71]。它将抽象的信号数据转化为容易理解的数据之间的距离，将原始空间数据转换到相对空间，在相对空间中虽然仍然采用原来的距离公式，但计算出的距离数据因为考虑了所有数据点的影响，使噪声数据和孤立点远离正常点，起到一定的抑制噪声的能力[180]。由于相对变换是非线性的放大变换，可增加数据之间的可区分性，解决数据稀疏的问题。

在相对空间中度量数据的距离更加符合人们的直觉，将相对变换应用于独立成分分析方法中，不仅能够处理一定的噪声影响，而且能够将稀疏数据变得集中，保证在数据特征提取时保留更多的有用数据，摒弃干扰数据，提高故障检测率，优化了独立成分分析方法故障诊断效果[181]。虽然，相对变换应用到故障检测方法里面时间比较短，属于初步试验阶段，但是它具有明显的优势和实际应用的价值。

简单地说，以原始数据空间中的每个数据点作为基向量来构造新的相对空间，这样任意点 x 到所有点的距离就构成该点在新空间中的坐标，这个过程称就叫相对变换，如：

$$\Gamma : X \rightarrow Y \subset R^{|X|} \tag{5.1}$$

$$\Gamma_X(x_i) : (d_{i1}, d_{i2}, \cdots, d_{ij}, \cdots, d_{i|X|}) = y_i \in Y \quad 1 \leqslant j \leqslant |X| \tag{5.2}$$

式中，$X = \{x_1, x_2, \cdots, x_j, \cdots, x_{|X|}\}$；$|X|$ 表示集合 X 的元素个数；d_{ij} 表示相对变换中两个数据点之间的相对距离。

相对变换中采用的距离有多种，例如欧氏距离[72]、Chebychev 距离[73]、曼哈顿距离[74]、Minkowsky 距离[75]、马氏距离[76]等，公式分别为

$$d_e(x, y) = \sqrt{\sum_{i=1}^{n} (x_i - y_i)^2} \tag{5.3}$$

$$d_c(x, y) = \max_{i=1} |x_i - y_i| \tag{5.4}$$

$$d_{\mathrm{man}}(x,y) = \sum_{i=1}^{n} |x_i - y_i| \tag{5.5}$$

$$d_{\min}(x,y) = \sqrt[p]{\sum_{i=1}^{n} |x_i - y_i|^p} \tag{5.6}$$

$$d_{\mathrm{mah}}(x,y) = |\Delta C|^{(1/n)} (x-y)^{\mathrm{T}} C^{-1} (x-y) \tag{5.7}$$

每种度量距离方法都有不同的特点，最为常见的距离公式是欧氏距离和马氏距离，但是考虑马氏距离存在以下缺点：

（1）马氏距离是建立在总体样本的基础上计算的，假设在不同的总体中，选择的样本数据相同，但是最后计算得出的两个样本间的马氏距离通常是不相同的，除非这两个总体的协方差矩阵碰巧相同。

（2）在马氏距离的计算当中，总体样本数必须满足大于样本的维数，否则得到的总体样本协方差矩阵逆矩阵不存在。这种情况下，常用欧氏距离计算。

（3）即使满足总体样本数大于样本维数的条件，但是协方差矩阵的逆矩阵仍然不存在，比如三个样本点（1,3）、（2,4）和（3,5）这种情况是因为这三个样本点在其所处的二维空间平面内共线。这种情况下，也常用欧氏距离计算。

（4）马氏距离的计算并不稳定，不稳定的原因是协方差矩阵，这也是马氏距离与欧氏距离的最大区别之处。

基于马氏距离存在以上缺点，于是本书采用欧氏距离作为相对变换的距离公式，有效优化了 ICA 故障诊断方法。欧氏距离定义如下。

定义 5.1　给定训练集 X，它有 n 个观测值，m 个过程变量。$X = [x_1^{\mathrm{T}}, x_2^{\mathrm{T}}, \cdots, x_n^{\mathrm{T}}]$，$x_i \in R^m$。采样点 i 到采样点 j 之间的欧氏距离为

$$d_e(x_i, x_j) = ((x_i - x_j)^{\mathrm{T}} (x_i - x_j))^{1/2} \tag{5.8}$$

欧氏距离包含四个基本性质：

性质 5.1　当且仅当 $i=j$ 时，$d_e(x_i, x_j) = 0$；

性质 5.2　当 $i \neq j$ 时，$d_e(x_i, x_j) > 0$；

性质 5.3　$d_e(x_i, x_j) = d_e(x_j, x_i)$；

性质 5.4　$d_e(x_i, x_j) \leqslant d_e(x_i, x_k) + d_e(x_j, x_k)$。

定理 5.1　相对变换不是等距变换，而是一种放大变换。即 $\forall x_i, x_j \in X$，$d(x_i, x_j) \leqslant d(x_i^{\mathrm{R}}, x_j^{\mathrm{R}})$，其中 X 为原始数据矩阵，x_i^{R} 为相对变换后的向量。

证明　$x_i^{\mathrm{R}} = (d(x_i, x_1), d(x_i, x_2), \cdots, d(x_i, x_n))$，其中 $d(x_i, x_1) = ((x_i - x_1)^{\mathrm{T}} (x_i - x_1))^{1/2}$，

$$d(x_i^R, x_j^R)^2 = \sum_{k=1}^{n} (d(x_i, x_k) - d(x_i, x_k))^2$$

$$= \sum_{k=1}^{n} (((x_i - x_k)^T(x_i - x_k))^{1/2} - ((x_j - x_k)^T(x_j - x_k))^{1/2})^2$$

$$= \sum_{k=1, k \neq j}^{n} (((x_i - x_k)^T(x_i - x_k))^{1/2} - ((x_j - x_k)^T(x_j - x_k))^{1/2})^2 + (((x_i - x_k)^T(x_i - x_k))^{1/2}$$

$$- ((x_j - x_k)^T(x_j - x_k))^{1/2})^2_{k=j}$$

$$= \sum_{k=1, k \neq j}^{n} (((x_i - x_k)^T(x_i - x_k))^{1/2} - ((x_j - x_k)^T(x_j - x_k))^{1/2})^2 + (x_i - x_j)^T(x_i - x_j)$$

$$\geqslant (x_i - x_j)^T(x_i - x_j)$$

又 $\because d(x_i, x_j)^2 = (x_i - x_j)^T(x_i - x_j)$

$\therefore d(x_i^R, x_j^R)^2 \geqslant d(x_i, x_j)^2$，证毕。

由于相对变换不是等距变换，而是具有放大作用的变换，这更有利于观测出故障数据。

我们必须保证原始数据矩阵经过欧氏距离相对变换前后能量守恒，否则不能保证相对变换后的数据矩阵和变换前的数据矩阵性质一致[182]。因此，我们需要对此结论进行证明，在信号分析中能量守恒常用范数不变来体现。

定理 5.2 原始数据矩阵经过欧氏距离相对变换前后能量守恒，即 $\|X\|_2^2 = M\|X^R\|_2^2$。

证明 给定数据集 $X = \{x_i\}, i = 1, 2, \cdots, n$，$x_i \in R^m$ 为第 i 个采样，该数据集的重心（采样数据的均值矩阵）为 $\overline{X} = (\overline{x}_1, \overline{x}_2, \cdots, \overline{x}_n)$。

令 $d_e^2(x_i, x_j) = d_e^2(x_i, \overline{X}) + d_e^2(x_j, \overline{X}) + 2d_e(x_i, \overline{X})d_e(x_j, \overline{X})$，其中 $d_e(x_i, x_j)$ 表示向量 x_i 和 x_j 之间的欧氏距离。

$$d_e(x_i, \overline{X})d_e(x_j, \overline{X}) = \frac{1}{n^2} \sum_{i=1}^{n} \sum_{j=1}^{n} (x_i - \overline{X})(x_j - \overline{X})^T$$

$$= \frac{1}{n} \sum_{i=1}^{n} (x_i - \overline{X}) \sum_{j=1}^{n} (x_j - \overline{X})^T$$

$$= \frac{1}{n} \sum_{i=1}^{n} (x_i - \overline{X})(n\overline{X} - n\overline{X})^T$$

$$= 0$$

$$\left\| X^{R} \right\|_{2}^{2} = \frac{1}{n^2} \sum_{i=1}^{n} \sum_{j=1}^{n} d_e^2(x_i, x_j)$$

$$= \frac{1}{n^2} \sum_{i=1}^{n} \sum_{j=1}^{n} d_e^2(x_i, \overline{X}) + \frac{1}{n^2} \sum_{i=1}^{n} \sum_{j=1}^{n} d_e^2(x_j, \overline{X})$$

$$= \frac{1}{n} \sum_{i=1}^{n} d_e^2(x_i, \overline{X}) + \frac{1}{n} \sum_{j=1}^{n} d_e^2(x_j, \overline{X})$$

$$= \sum_{i=1}^{n} \sigma_i^2 + \sum_{j=1}^{n} \sigma_j^2$$

$$= 2 \sum_{i=1}^{n} \sigma_i^2$$

$$= 2 \sum_{i=1}^{n} \mathrm{var}(x_i)$$

此外，

$$\sum_{i=1}^{n} \mathrm{var}(x_i) = \sum_{i=1}^{n} E\{x_i^2\} = E\{\mathrm{tr}(XX^{\mathrm{T}})\}$$

$$= E\{\mathrm{tr}(XX^{\mathrm{T}})\} = E\{\mathrm{tr}(X^{\mathrm{T}}X)\}$$

$$= E\{\mathrm{tr}(X^{\mathrm{T}}PP^{\mathrm{T}}X)\} = E\{\mathrm{tr}(TT^{\mathrm{T}})\}$$

$$= \sum_{j=1}^{n} E\{T_j^2\} = \left\| T \right\|_2^2$$

式中，T 为主成分分析方法中主元得分，根据文献[77]可知，PCA 变换前后能量守恒，可得 $\left\| T \right\|_2^2 = \left\| X \right\|_2^2$，因此 $\left\| X^{R} \right\| = 2\left\| X^{R} \right\|_2^2 = M\left\| X^{R} \right\|_2^2$，此时 $M = 2$。所以 $\left\| X^{R} \right\| = M\left\| X \right\|_2^2$，证毕。

根据文献[78]在面向机器学习的相对变换文中的研究可知，欧氏距离在原始空间的区分能力是最好的。在正常的操作当中，随着样本数的增加距离度量能力是相对减弱的，而欧氏距离是减弱最不明显的那一个。而且，欧氏距离计算的是两项间的差，是每个变量值之差的平方和再开平方根，目的是计算其间的整体距离即非相似性，避免了协方差带来的麻烦。因此本书采用欧氏距离作为相对变换的量度，可以更有效地提高故障检测效率。

5.3.2　RTICA 方法

RTICA 方法的基本思想是基于相对变换的 ICA 方法，是通过求取采样点之间的欧氏距离，将原始数据空间转换到相对空间，然后在相对空间中进行 ICA 建模。欧氏距离虽然是相对变换中效果最好的距离公式，但是依然存在一些缺点，例如，它将不同样本的属性同等看待，没有考虑变量的数量级等问题，所以在相对变换之前需要标准化处理[183]。经过相对变换后的数据大大降低了相似性，增加了数据之间的可区分性，有效保留了更多数据信息，提高数据特征提取能力。

首先，对采集的训练数据 $X_{m \times n}$ 进行标准化预处理，去除数据之间的相关性；然后，对经过预处理的数据实行相对变换，将原始空间数据转换到相对空间；最后，在相对空间应用 ICA 方法建立监测模型。

假设训练数据已经过标准化处理且经欧氏距离变换到相对空间，在相对空间，应用 FastICA 方法特征提取，选取 d 个主要的独立成分和 e 个残差独立成分，以及分别对应的分离矩阵 W_d 和 W_e。通过分离矩阵和白化矩阵 Q 的关系，用于统计量的计算。基于核密度估计求取统计量的控制限。至此，基本完成了 RTICA 过程监测模型的建立。

5.3.3　RTICA 故障检测步骤

基于 RTICA 故障检测方法的具体步骤如下。

第一步，标准化处理。

给定训练集 $X_{m \times n}$（m 为采样数，n 为变量数），通过式（5.9）进行标准化，得

$$Z_{ij} = \frac{1}{n-1}(X_{ij} - \bar{X}_j) / \sigma_j \tag{5.9}$$

式中，$\bar{X}_j$ 为矩阵均值；σ_j 为每一列的标准差。

第二步，相对变换。

将标准化后的训练数据，经欧氏距离公式变换到相对空间，数据由原来的 $m \times n$ 矩阵变换为 $m \times m$ 矩阵。

第三步，ICA 建模。

（1）对数据进行白化处理，去除变量间耦合关系，得到白化矩阵 Q，这一步在 ICA 中已逐渐被 PCA 取代；

（2）通过 ICA，得到 d 个主要独立主元成分，e 个残差独立主元成分，以及相应的分离矩阵 W_d 和 W_e；

（3）通过下列公式实现建模：

$$\hat{s}_d(k) = W_d x(k) \tag{5.10}$$

$$\hat{s}_e(k) = W_e x(k) \tag{5.11}$$

第四步，求解统计量及控制限。

ICA 方法有三个统计量，分别为 I^2、I_e^2、SPE，计算公式分别如下：

$$I^2(k) = \hat{s}_d^{\mathrm{T}}(k)\hat{s}_d(k) \tag{5.12}$$

$$I_e^2(k) = \hat{s}_e^{\mathrm{T}}(k)\hat{s}_e(k) \tag{5.13}$$

$$\mathrm{SPE}(k) = e(k)^{\mathrm{T}} e(k) = (x(k) - \hat{x}(k))^{\mathrm{T}} \times (x(k) - \hat{x}(k)) \tag{5.14}$$

并通过核密度估计方法计算 I^2、I_e^2、SPE 的概率密度函数，根据 99%的置信区间

确定临界值，即控制限 I^2_{limit}、$I^2_{e\,\text{limit}}$、$\text{SPE}_{\text{limit}}$。

第五步，对新观测数据故障检测。

（1）对新采集的数据标准化和白化预处理；

（2）然后将预处理后的数据相对变换到相对空间；

（3）在相对空间进行 ICA 处理，求取新的统计量 I^2_{new}、$I^2_{e\,\text{new}}$、SPE_{new}；

（4）将新获取的统计量与第四步中统计量控制限比较，超过控制限的视作故障数据，低于控制限的视作正常数据，以此来判断是否有故障发生。

RTICA 方法故障检测流程如图 5.1 所示。

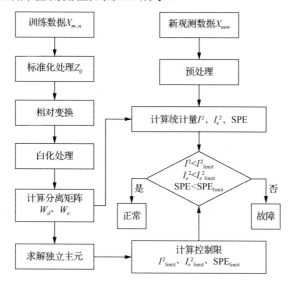

图 5.1　RTICA 方法故障检测流程图

5.4　基于 RTICA 故障诊断方法

基于多块的 RTICA 方法（multiple blocks RTICA，MBRTICA）是基于 RTICA 方法改进得来的，是以确定诊断故障发生位置为目的，对信号数据进行分块处理的方法。改进后的 MBRTICA 方法并不会影响 RTICA 方法的故障检测精度，仍然经过标准化和白化作为预处理，并使用 I^2、I^2_e、SPE 三个统计量作为故障判断条件，实现故障诊断的目的。

基于多块的 RTICA 故障诊断方法具体步骤如下。

（1）离线建模。

第一步，采集样本数据 $X_{m \times n}$；

第二步，标准化预处理，得到 Z_{ij}；

第三步，将标准化后的 Z_{ij} 划分成多个子块单元，B_1，B_2，…，B_b；

　　第四步，分别对各个子块单元进行相对变换，形成多个 $m \times m$ 维矩阵，由于运算实行并行处理，因此并不增加计算时间；

　　第五步，RTICA 建模，对每一子块单元分别求取白化矩阵 Q，提取独立主元和残差主元，以及分离矩阵 W_d、W_e，计算各子块单元的三个统计量及其控制限 I_{limit}^2、$I_{e\,\text{limit}}^2$、$\text{SPE}_{\text{limit}}$，即建立 b 个 RTICA 模型。

　　（2）在线监测。

　　第一步，在线采集新数据 X_{new}；

　　第二步，标准化处理；

　　第三步，根据离线数据分块的规则，对在线数据同样分成 b 个子块单元；

　　第四步，分别对各个子块单元数据相对变换，并分别求取各个子块单元的三个统计量 I^2、I_e^2、SPE；

　　第五步，将在线数据子块单元的统计量和对应离线数据子块单元的统计量控制限作比较，超过统计量控制限的数据诊断为故障数据，未超过的部分为正常数据，当某一子块的统计量超出控制限时，则诊断出故障发生位置在该子块单元内，将子块单元对应到轧机轴承系统设备中，可有效判断故障发生大体位置所在。

　　MBRTICA 方法的故障诊断流程如图 5.2 所示。

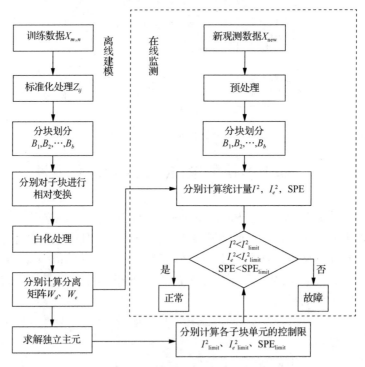

图 5.2　MBRTICA 方法的故障诊断流程图

5.5　基于 MBRTICA 方法的轧机轴承裂纹故障诊断

在轧钢设备中，转轴组件是轧机的核心部分，它包括旋转轴、齿轮传动件、联轴器、滑动轴承和滚动轴承等。轧制速度快，轧制生产环境恶劣，传动和液压系统中最常见的故障即为轴承故障[184]，因此，本节以轧机轴承裂纹故障为研究对象。使用 16 通道采集器采集数据，如表 5.1 所示，其中 16 个通道以旋转机械故障模拟系统设备位置进行划分，分为四个子块单元，如表 5.2 所示，每个子块单元包含 4 个通道数据，包括水平、径向和垂直等方向。

表 5.1　测量变量

序号	对应变量	单位
通道 1	加速度 1	m/s^2
通道 2	位移 1	m
通道 3	温度 1	℃
通道 4	电压 1	V
通道 5	加速度 2	m/s^2
通道 6	位移 2	m
通道 7	温度 2	℃
通道 8	电压 2	V
通道 9	加速度 3	m/s^2
通道 10	位移 3	m
通道 11	温度 3	℃
通道 12	电压 3	V
通道 13	加速度 4	m/s^2
通道 14	位移 4	m
通道 15	温度 4	℃
通道 16	电压 4	V

表 5.2　变量分块情况

分块情况	所包含变量	变量个数
分块一	通道 1、通道 2、通道 3、通道 4	4
分块二	通道 5、通道 6、通道 7、通道 8	4
分块三	通道 9、通道 10、通道 11、通道 12	4
分块四	通道 13、通道 14、通道 15、通道 16	4

MBRTICA 方法实验以每个通道作为一个变量，共 16 个通道变量，在正常工况下采集 1000 组数据作为离线建模数据，通过对通道变量划分，分为四个子块单元。经对四个子块单元分别做相对变换处理，将每一子块的1000×4 矩阵转变为

1000×1000 的相对空间矩阵，并在相对空间采用 ICA 方法提取数据特征，计算分离矩阵，求得三个统计量 I^2、I_e^2、SPE 及其控制限 I_{limit}^2、$I_{e\,\text{limit}}^2$、$\text{SPE}_{\text{limit}}$，实现离线建模，共建立 4 个分块模型 $(X_1,\ X_2,\ X_3,\ X_4)$。在线采集 400 组数据进行故障监测，并在第 110 个采样点引入裂纹故障，按离线分块方式同样将新采集数据分成四个子块单元 $(\hat{X}_1,\ \hat{X}_2,\ \hat{X}_3,\ \hat{X}_4)$，并对应离线子块模型数据计算新数据子块单元的三个统计量 $\hat{I}^2$、$\hat{I}_e^2$、$\hat{\text{SPE}}$，并将每一子块的 $\hat{I}^2$、$\hat{I}_e^2$、$\hat{\text{SPE}}$ 与对应的离线子块模型 I_{limit}^2、$I_{e\,\text{limit}}^2$、$\text{SPE}_{\text{limit}}$ 比较，超出控制限的部分则视为检测出故障，并定位到某一个子块范围内，实现故障诊断。

图 5.3 是基于 RTICA 方法的轧机轴承裂纹状态监测图，能够准确地在第 110 个采样点处检测出故障存在，并具有良好的故障识别持续性。但是 RTICA 方法仅仅可实现状态监测，即只能知道故障发生了，但是并不知道故障发生在什么位置，给排查故障、处理故障带来较大麻烦。因此，在同样的实验数据下，采用 MBRTICA 方法分别对四个子块单元进行处理，得到四个子块单元的状态监测效果图，分别如图 5.4～图 5.7 所示。图 5.8 为基于裂纹故障分块贡献图。

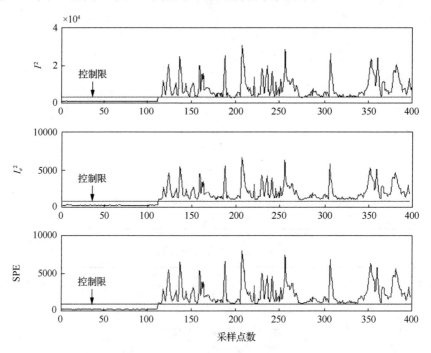

图 5.3　基于 RTICA 方法的轧机轴承裂纹状态监测图

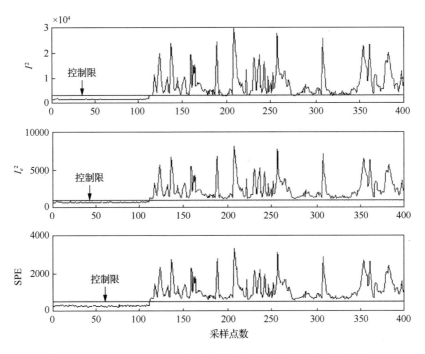

图 5.4 基于 MBRTICA 方法对轧机轴承分块一裂纹状态监测图

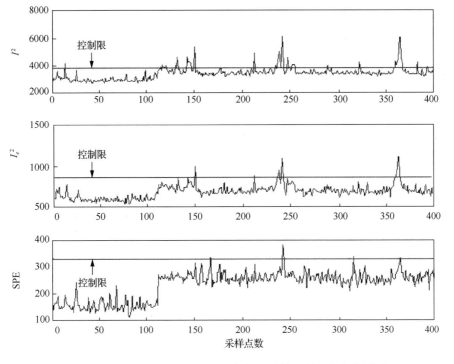

图 5.5 基于 MBRTICA 方法对轧机轴承分块二裂纹状态监测图

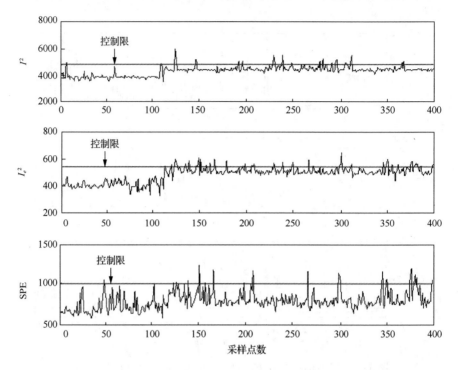

图 5.6　基于 MBRTICA 方法对轧机轴承分块三裂纹状态监测图

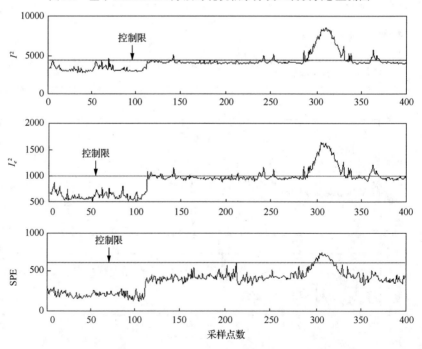

图 5.7　基于 MBRTICA 方法对轧机轴承分块四裂纹状态监测图

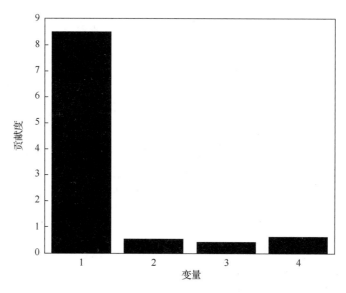

图 5.8　基于裂纹故障分块贡献图

如图 5.4～图 5.8 可知，故障发生在分块一的位置，可以准确追溯设备故障源。从图 5.5、图 5.6 和图 5.7 的图形上看，分块二、分块三和分块四虽然也有趋势的变化，但很少有超出控制限的数据被检测出来。分块二、分块三和分块四在第 110 个采样点以后的趋势变化是因为引入裂纹故障后，整个设备的振动变大，信号数据浮动变大，高于正常数据，由于这三个分块的位置距离故障源比较远，虽有数据变化，但并未超出控制限，因此无法诊断故障存在。

表 5.3 所示是基于裂纹故障的 MBRTICA 状态监测参数，分块一的状态监测率高达 99%以上，因此分块后的 MBRTICA 方法并不会影响 RTICA 方法的状态监测率。分块二、分块三和分块四的状态监测率则相对较低，几乎检测不出故障发生，因此有效排除了故障发生位置的可能性，对故障定位具有明显的效果。

表 5.3　基于裂纹故障的 MBRTICA 状态监测参数　　　　单位：%

统计量	检测率			
	分块一	分块二	分块三	分块四
I^2	99.56	30.52	12.56	19.47
I_e^2	100	10.78	17.98	23.26
SPE	100	6.01	13.73	8.38

5.6　本 章 小 结

本章采用多块处理理论方法，提出基于多块的 RTICA 故障诊断方法

（MBRTICA）对轧机轴承裂纹故障进行诊断。首先，介绍了多块理论以及分块的原则，如何将电主轴系统合理划分成多个子块单元以便故障追溯；然后，详细介绍了基于多块处理的 MBRTICA 方法的具体实施步骤和流程；最后，以轧机轴承裂纹故障为研究对象，将电主轴系统划分为四个子块单元，对每一个子块单元进行 RTICA 方法离线建模和在线监测，分别得到四组控制限及四组在线数据的统计量，并比较，得到故障源发生在分块一的结论[180]。实验验证了 MBRTICA 故障诊断方法在保证准确状态监测率的情况下，实现了故障追溯的目的。另外，本章主要尝试了根据轧机振动信号，通过多元统计的方法实现状态监测与定位，仿真结果证明：基于多元统计的方法也可应用于振动信号的故障诊断。

第6章 基于改进动态核主成分分析方法结合独立成分分析方法的状态监测和故障分离

6.1 引　言

　　轧钢过程拥有张力、板形以及活套等闭环控制系统和储能环节，使得在较高采样速率下采集的过程观测数据具有明显的动态性（自相关性），而且轧钢过程是一个比较典型的非线性的复杂工业过程，变量之间存在密切的非线性关系，过程数据也比较难满足高斯分布，因此轧钢过程同时存在多种数据特性。现在基于多元统计分析的方法，一般只考虑其中某一种特性或两种特性，从研究的角度增加假设约束是可行的，但是它只适合于某些特殊的工业过程，比较有局限性，且无法对同时具有非线性、非高斯分布和动态特性的轧钢过程进行准确监测和故障分离。因此，针对轧钢过程多种数据特性并存的实际情况进行综合研究，改进现有方法的缺陷，提出针对轧钢过程故障的状态监测和故障分离的整体方案，具有非凡的学术研究价值和实际意义[1]。

　　由于传统多元统计方法在进行理论推导时，都假设数据满足线性、静态、高斯分布等条件，使得该类方法在实际使用时具有很大的局限性。一些学者据此提出了大量的改进方法。针对工业过程数据变量难以服从高斯分布的特点，Hyvärinen 等[185]和 Lee 等[186]将 ICA 方法引入非高斯过程，并验证了 ICA 方法处理非高斯数据的有效性。针对工业过程中数据变量存在的非线性关系的特点，Schölkopf 等[187]率先将核方法和 PCA 相结合提出基于 KPCA 的非线性方法，该方法利用核函数将非线性数据映射到高维线性空间，然后对高维空间中的映射数据作线性主成分分析，得到数据的非线性主元，从而进行非线性特征提取。目前该方法已被成功应用于非线性过程的状态监测和故障诊断中[84]。Lee 等[86]提出 KICA 方法，解决了非线性过程非高斯分布的问题。针对过程变量中普遍存在的动态关系（指同一变量在不同时刻的测量值之间的时序相关性），Ku 等[88]最先提出基于序列扩展的动态 PCA 方法，该方法通过引入过程变量的观测值构成新的动态数据矩阵，再对新构成的数据矩阵进行 PCA 建模，从而将数据的序列相关关系提取出来。Choi 等[91]为了解决动态 PCA 的非线性问题，提出了基于非线性的动态 PCA 故障诊断方法。文献[188]和文献[189]提出基于 DICA 的故障诊断方法，解决了动态过程非高斯分布的问题。

　　以上基于序列扩展的动态统计建模方法虽然在一定程度上考虑了数据的动态性，但该算法仍存在以下缺陷：①动态多元统计方法将所有的观测值不加选择地扩展到前 S 个时刻时间序列矩阵以构建增广矩阵，增加了主元个数，降低了计算效率；②动态多元统计方法往往提取出一些冗余信号，影响了诊断结果的分析；③动态 PCA 并没有完全消除过程变量的自相关关系，相反原来不相关的，经过这样的处理后，得到的主元却包含了一定的相关关系[190]；④构建的增广矩阵的变量个数可能大于采样数，导致统计模型无法建立。

　　本章从轧钢过程数据本身的特性入手，利用动态核主成分分析方法提取动态非线性特征的优势，并引入 ICA 方法处理过程的非高斯分布，提出了基于改进动态核主成分分析方法结合 ICA 的状态监测和故障分离方法[96]。首先构造增广矩阵，并将增广阵分成一系列子矩阵，其次对每个子矩阵进行核主成分分析方法，提取非线性互相关特征主元，然后将各子矩阵的特征主元重新构建一个新的数据增广矩阵，最后建立独立成分统计模型，提取非高斯自相关独立成分，从而有效地实现轧钢过程的状态监测。基于改进动态核主成分分析方法结合独立成分分析方法的状态监测方法可以有效地提取数据变量的动态特征，减少主元的个数和计算复杂度，并且能充分考虑轧钢过程中非线性、非高斯分布的特征，更精确地描述轧钢过程特性，准确地监测和分离故障[191]。

　　一旦监测到故障的发生，需要迅速分析故障的原因，找出导致故障的故障变量，实现故障分离。当 KPCA 方法监测到故障时，因为无法找到一个从高维特征空间到低维输入空间的逆映射，不可能利用 PCA 方法中使用的贡献图来分离故障原因。本章定义了一种新的贡献图方法，用于完成原始测量变量对故障的贡献量求解，可以很好地分离故障变量，有助于进一步分析故障原因。

6.2　动态主成分分析方法和核主成分分析方法

6.2.1　动态主成分分析方法

　　DPCA 方法通过用前面的 S 个观测对每个观测变量进行扩充，构建含有前 S 个时刻观测值的增广矩阵。增广矩阵如下：

$$X(S) = \begin{bmatrix} x_t^{\mathrm{T}} & x_{t-1}^{\mathrm{T}} & \cdots & x_{t-S}^{\mathrm{T}} \\ x_{t-1}^{\mathrm{T}} & x_{t-2}^{\mathrm{T}} & \cdots & x_{t-S-1}^{\mathrm{T}} \\ \vdots & \vdots & & \vdots \\ x_{t+S-n}^{\mathrm{T}} & x_{t+S-n-1}^{\mathrm{T}} & \cdots & x_{t-n}^{\mathrm{T}} \end{bmatrix} \tag{6.1}$$

式中，x_t^{T} 是训练集 t 时刻的 m 维观测值。

　　这种对增广阵 $X(S)$ 进行 PCA 建模的方法叫做 DPCA 方法。DPCA 方法比

PCA 方法能更好地监测到实际工业现场中存在具有时序自相关特性的故障。针对滞后 S 值的确定方法，参考文献[89]。基于 DPCA 方法的状态监测流程如图 6.1 所示。

　　DPCA 方法在一定程度上能消除数据的自相关性，提高诊断精度，但是它将所有的观测值不加选择地扩展到前 S 个时刻时间序列矩阵以构建增广矩阵。DPCA 方法存在以下几点缺点：①方法计算效率低；②选取的主元个数过多；③构建得到的增广矩阵的变量个数可能大于采样个数，统计模型无法建立。

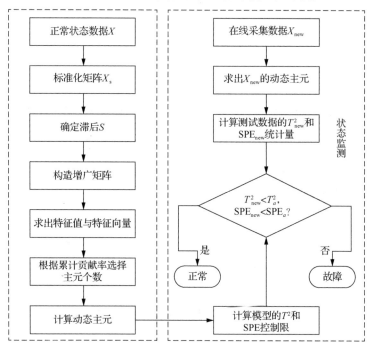

图 6.1　基于 DPCA 方法的状态监测流程图

6.2.2　核主成分分析方法

　　KPCA 方法是一种非线性主成分分析方法，该方法能有效地消除数据之间的冗余和空间相关性，提取包含主要数据信息的非线性特征主元[192]。KPCA 主要思想是通过非线性映射函数 $\Phi: R^M \to F$，将输入空间 x_k 映射到特征空间 $F: \Phi(x_k), k = 1, 2, \cdots, N$ 中，然后在特征空间进行主成分分析方法。假设 $\Phi(x_k)$ 已去均值，即 $\sum_{k=1}^{N} \Phi(x_k) = 0$。

　　给定训练集 X，它有 N 个观测值，M 个过程变量，则 F 空间上的协方差矩阵为

$$C_F = \frac{1}{N}\sum_{j=1}^{N}\Phi(x_j)\Phi(x_j)^{\mathrm{T}} \tag{6.2}$$

对应的特征方程为

$$\lambda v = C_F v \tag{6.3}$$

式中，特征值 $\lambda \geqslant 0$ 且 $v \in F$ 是 λ 对应的特征向量。

$\langle x, y \rangle$ 表示 x 和 y 之间的点积。因此式（6.3）等价于

$$\lambda[\Phi(x_k), v] = [\Phi(x_k), C_F v] \tag{6.4}$$

且存在系数 $\alpha_i (i = 1, 2, \cdots, N)$ 使得

$$v = \sum_{i=1}^{N}\alpha_i \Phi(x_i) \tag{6.5}$$

结合式（6.3）、式（6.4）和式（6.5）得

$$\lambda\sum_{i=1}^{N}\alpha_i[\Phi(x_k), \Phi(x_i)] = \frac{1}{N}\sum_{i=1}^{N}\alpha_i\left[\Phi(x_k), \sum_{j=1}^{N}\Phi(x_j)\right][\Phi(x_j), \Phi(x_i)] \tag{6.6}$$

通过引入核函数 $k(x, y) = [\Phi(x), \Phi(y)]$，可以避免隐函数的非线性映射，以及在特征空间两者点积的复杂计算[162]。常用核函数如下。

多项式核函数：$K_{\mathrm{poly}}(x_i, x_j) = (x_i \cdot x_j)^d$。

核函数：$K_{\mathrm{poly}}(x_i, x_j) = (x_i \cdot x_j)^d$，　$K_{\mathrm{RBf}}(x_i, x_j) = \exp(-\dfrac{\left\| x_i - x_j \right\|^2}{w})$。

定义 $N \times N$ 维的矩阵 K：$[K]_{ij} = K_{ij} = [\Phi(x_i), \Phi(x_j)] = k(x_i, x_j)$，可得

$$N\lambda\alpha = K\alpha \tag{6.7}$$

式中，$\alpha = [\alpha_1, \cdots, \alpha_N]^{\mathrm{T}}$。式（6.7）可以转化为对非零特征值的特征向量问题的求解。

核函数的中心化：

$$\bar{K} = K - 1_N K - K 1_N + 1_N K 1_N \tag{6.8}$$

式中，$1_N = \dfrac{1}{N}\begin{bmatrix} 1 & \cdots & 1 \\ \vdots & & \vdots \\ 1 & \cdots & 1 \end{bmatrix} \in R^{N \times N}$，因此，式（6.8）可化为

$$N\lambda\alpha = \bar{K}\alpha \tag{6.9}$$

在特征空间进行特征主元提取相当于求解式（6.9）的特征问题。式（6.9）得到特征值 $\lambda_1 \geqslant \lambda_2 \geqslant \cdots \geqslant \lambda_N$ 对应的特征向量 $\alpha_1, \alpha_2, \cdots, \alpha_N$。通过仅保留前 p 个特征向量来降低问题的维数。我们按特征空间 F 中相应向量归一化的要求对 $\alpha_1, \alpha_2, \cdots, \alpha_N$ 进行归一化，即

$$(v_k, v_k) = 1 \tag{6.10}$$

根据 $v_k = \sum_{i=1}^{N} \alpha_i^k \Phi(x_i)$，式（6.10）可化为

$$1 = \left[\sum_{i=1}^{N} \alpha_i^k \Phi(x_i), \sum_{j=1}^{N} \alpha_j^k \Phi(x_j) \right] = \lambda_k \left(\alpha_k, \alpha_k \right) \qquad (6.11)$$

把 $\Phi(x)$ 投影到特征空间 F 中的特征向量 v_k 上，其中 $k = 1, 2, \cdots, p$，测试向量 X 的主元 t 计算如下：

$$t_k = \left[v_k, \tilde{\Phi}(x) \right] = \sum_{i=1}^{N} \alpha_i^k \left[\overline{\Phi}(x_i), \overline{\Phi}(x) \right] = \sum_{i=1}^{N} \alpha_i^k \overline{k}(x_i, x) \qquad (6.12)$$

这一投影就是通过非线性映射 Φ 求得的矩阵 X 的非线性主元。

6.3　独立成分分析方法

ICA 是近年来发展起来的一种新的统计信号处理方法，该方法作为 PCA 方法的一种延伸，主要着眼于数据间的高阶统计特性提取，使得降维之后的独立成分之间不仅互不相关，而且尽可能的统计独立。ICA 方法还可以处理 PCA 等多元统计方法不能处理的非高斯分布数据[96]。

6.3.1　独立成分分析方法基本概念

独立成分分析模型定义如下[186]：

$$X = AS + I \qquad (6.13)$$

式中，$X = [x(1)\ x(2)\ \cdots\ x(n)] \in R^{d \times n}$ 为数据矩阵，即实际检测到的观测信号，其中，d 和 n 分别是测量变量个数和样本数；$A \in R^{d \times m}$ 为混合矩阵（mixing matrix）；$S \in R^{m \times n}$ 为独立成分矩阵（independent component mairix）（$m \leqslant d$），即独立的源信号；I 表示误差矩阵。

通常，在无噪声或者只有低的添加性噪声时，忽略误差矩阵，ICA 模型可以表示为

$$X = AS \qquad (6.14)$$

ICA 模型表示观测数据是如何由独立成分混合产生的。独立成分是隐含变量，这意味着它不能直接被观测到，而且混合矩阵 A 亦是未知的，已知的仅仅是观测变量 X，如何利用观测变量 X 估计出 A 和 S，而且是在尽可能少的假设条件下估计出它们，正是 ICA 要解决的问题。ICA 的主要目的就是寻找一个矩阵——分离矩阵 W，可以从观测信号中分离出源信号，即

$$\hat{S} = WX \qquad (6.15)$$

式中，$\hat{S}$ 为源信号的估计值，当 W 是 A 的逆时，$\hat{S}$ 即是源变量 S 的最佳估计。

6.3.2 独立成分分析方法实现步骤

目前，关于 ICA 方法的文献很多，具有代表性的有基于信息最大化的自组织神经网络、最大似然自然梯度算法、固定点算法和 FastICA 方法[186]。与其他算法相比，FastICA 方法不需要选择步长，而且收敛速度快，具备很多神经算法中并行、分布、计算简单和要求内存小等特点。本书采用 FastICA 方法求取独立成分。

FastICA 方法的主要步骤如下：

（1）选择一初始随机权向量 $w(0)$，令 $k=1$；

（2）令 $w(k) = E\{vg(w(k-1)^{\mathrm{T}} x)\} - E\{g(w(k-1)^{\mathrm{T}} x)\}w(k-1)$，其中 v 为零均值、单位方差的高斯变量，函数 g 为二次函数 G 的一阶导数（可选 $G_1(u) = \log\cosh(a_1 u)/a_1$，$G_2(u) = -\exp(-a_2 u^2/2)/a_2$ 等），算子 E 表示数学期望，可以通过采样值去估计；

（3）归一化处理，即 $w(k) = w(k)/\|w(k)\|$；

（4）若 $1 - |w(k)^{\mathrm{T}} w(k-1)| \geqslant \varepsilon$，令 $k = k+1$，重复步骤（2），否则输出向量 $w(k)$。

以上步骤可以估计出一个独立分量，若要估计出其他若干个独立成分，可以根据需要重复上述步骤。为防止不同的权向量收敛到相同的极值点，在每一次迭代后应对输出向量 $w_1^{\mathrm{T}} x, w_2^{\mathrm{T}} x, \cdots, w_m^{\mathrm{T}} x$ 去相关。当估计了 p 个独立分量，在得到 p 个列向量 $w_1, w_2, \cdots, w_p$ 基础上求出 w_{p+1}，在每一次迭代后用式（6.16）和式（6.17）进行去相关，并重新归一化 w_{p+1}。

$$w_{p+1}(k+1) = w_{p+1}(k+1) - \sum_{j=1}^{p} w_{p+1}(k+1)^{\mathrm{T}} w_j w_j \tag{6.16}$$

$$w_{p+1}(k+1) = w_p(k+1)/\sqrt{w_{p+1}(k+1)^{\mathrm{T}} w_{p+1}(k+1)} \tag{6.17}$$

通过以上的算法，可得到分离矩阵 W，也就可以得到过程独立成分的估计值。

假设训练数据 X_{normal} 通过 FastICA 方法及前面的独立成分选取后得到了 d 个主要的独立成分，则对应的分离矩阵 W，可分解为 W_d（选取 d 个主要独立成分所对应的 W 矩阵的行）和 W_e（W 中去除 W_d 剩余的矩阵），并得到矩阵 B_d 和 B_e，可由式（6.18）求得

$$\begin{cases} B_d = (W_d Q^{-1})^{\mathrm{T}} \\ B_e = (W_e Q^{-1})^{\mathrm{T}} \end{cases} \tag{6.18}$$

式中，Q 为白化矩阵[193]。

对于在某一时刻 k 的新采样数据 $x_{\mathrm{new}}(k)$，通过分离矩阵 W_d 和 W_e 可以计算其对应的独立成分：

$$\begin{cases} \hat{s}_{newd}(k) = W_d x_{new}(k) \\ \hat{s}_{newe}(k) = W_e x_{new}(k) \end{cases} \quad (6.19)$$

6.3.3　监控统计量及其控制限的确定

为了利用上面建立的统计模型对生产过程进行在线监测，需要由正常工况下的数据来确定统计控制限。当在线数据计算出的监测统计量值超出相应的统计控制限时，就可以认为过程出现了故障。因此，统计控制限的计算直接关系着过程监测结果是否可靠，若统计控制限选取过大，则有可能会漏报一些故障；反之，若统计控制限选取过小，则会出现不断误报警的情况[135]。

ICA 方法主要采用 I_d^2、I_e^2 和 Q^2 三个监测统计量监测过程是否发生故障。

I_d^2 是主模型的监测统计量，是 k 时刻主要独立成分 $\hat{s}_{newd}(k)$ 的标准平方和，是模型内部的表征，定义如下：

$$I_d^2(k) = \hat{s}_{newd}^{\mathrm{T}}(k)\hat{s}_{newd}(k) \quad (6.20)$$

Q^2 代表了数据中残差模型的变化，在采样的第 k 时刻定义如下：

$$Q^2(k) = e(k)^{\mathrm{T}} e(k) = (x_{new}(k) - \hat{x}_{new}(k))^{\mathrm{T}}(x_{new}(k) - \hat{x}_{new}(k)) \quad (6.21)$$

式中，$\hat{x}_{new}(k)$ 通过 $\hat{x}_{new}(k) = Q^{-1}B_d\hat{s}_{newd}(k) = Q^{-1}B_d W_d x_{new}(k)$ 计算。

I_e^2 为辅助模型的监测统计量，是一个附加的监控工具。该监测统计量通常是当选择的独立成分个数不恰当的时候，I_e^2 监测统计量能够补偿选择的误差，从而实现对系统全局的监控。其定义如下：

$$I_e^2(k) = \hat{s}_{newe}^{\mathrm{T}}(k)\hat{s}_{newe}(k) \quad (6.22)$$

在 PCA 中，通常假定数据服从高斯分布，可以通过概率密度求取统计控制限。然而，由于独立成分不服从高斯分布，所以不能用某一个特殊的近似分布来确定 I^2、I_e^2 和 Q^2 的统计控制限，引入核密度估计[42]来确定统计控制限。

给定训练集 $X = [x_1^{\mathrm{T}}, x_2^{\mathrm{T}}, \cdots, x_n^{\mathrm{T}}]$，$x_i \in R^m$，核密度估计为

$$\hat{f}(x, \sigma) = \frac{1}{n\sigma} \sum_{i=1}^{n} \phi(\sigma^{-1/2}(x - x_i))$$

式中，$x \in R^p$ 为 m 维空间变量；$\phi(x)$ 表示核函数，本书选择高斯核函数

$K_{rbf}(x_i, x_j) = \exp\left(-\dfrac{\|x_i - x_j\|^2}{2\sigma^2}\right)$，其中，$\sigma$ 为带宽参数，其优化过程描述参见文献[72]，最后按 99% 的置信区间确定统计控制限。

若新采集数据的监测统计量 I^2、I_e^2 和 Q^2 大于临界值，则认为有故障发生；反之，认为是正常工况。具体步骤如下。

（1）计算正常工况下监测统计量 I^2、I_e^2 和 Q^2；

（2）用单变量核密度分别估计监测统计量 I^2、I_e^2 和 Q^2 的统计控制限；

（3）计算新采样数据的监测统计量 I^2、I_e^2 和 Q^2，并与统计控制限比较，判断是否有故障发生。

6.4　基于改进动态核主成分分析方法结合独立成分分析方法的统计建模、状态监测和故障分离方法

针对轧钢过程数据动态性、非线性及不满足高斯分布的复合特性，本章提出基于改进动态核主成分分析方法结合独立成分分析方法的状态监测和故障分离方法。首先将前 S 个时刻的观测值进行扩展，构建增广矩阵，并将增广矩阵分解成 S 个子矩阵，利用 KPCA 法分别对各个子相关矩阵进行非线性特征提取和互相关关系提取，然后将提取的非线性特征主元合并成一个新的增广数据矩阵，最后用 ICA 进行建模，从而实现过程的状态监测[140]。

当监测到系统有故障发生时，本章定义了一种新的贡献图方法，用于完成原始测量变量对故障的贡献量求解，可以很好地分离故障变量，有助于分析故障原因。

6.4.1　统计建模

基于改进动态核主成分分析方法结合独立成分分析方法的统计建模步骤如下。

（1）给定训练集 $X = [x_1^{\mathrm{T}}, x_2^{\mathrm{T}}, \cdots, x_n^{\mathrm{T}}]$，$x_i \in R^m$。其中 n 为观测值，m 为过程变量。对训练集进行标准化处理。

（2）确定滞后 S，将前 S 个时刻的观测值扩展到构建的增广矩阵中，并将增广矩阵分解成 $S+1$ 个子矩阵，增广矩阵如下：

$$X_{\mathrm{H}}(S) = \begin{array}{c} \quad 0 \qquad\quad 1 \quad\ \cdots\quad\ S \\ \begin{bmatrix} x_t^{\mathrm{T}} & x_{t-1}^{\mathrm{T}} & \cdots & x_{t-S}^{\mathrm{T}} \\ x_{t-1}^{\mathrm{T}} & x_{t-2}^{\mathrm{T}} & \cdots & x_{t-S-1}^{\mathrm{T}} \\ \vdots & \vdots & & \vdots \\ x_{t+S-n}^{\mathrm{T}} & x_{t+S-n-1}^{\mathrm{T}} & \cdots & x_{t-n}^{\mathrm{T}} \end{bmatrix} \end{array} \tag{6.23}$$

式中，X_{H} 表示增广矩阵；x_t^{T} 是 t 时刻在训练集中的 m 维向量的转置。针对滞后 S 值的具体确定方法参考文献[194]。

（3）：分别对 $S+1$ 个子相关矩阵进行 KPCA 特征提取，去除变量之间的序列相关性。得到 $X(S)$ 的主元 t_k：

$$t_k = \left[v_k, \tilde{\Phi}(x) \right] = \sum_{i=1}^{N} \alpha_i^k \left[\overline{\Phi}(x_i), \overline{\Phi}(x) \right] = \sum_{i=1}^{N} \alpha_i^k \overline{K}(x_i, x) \tag{6.24}$$

（4）将 $S+1$ 个主元矩阵合并成一个新的混合增广数据矩阵 $\bar{X}$。

（5）通过 ICA 方法计算出独立成分矩阵 $\tilde{S}^{\mathrm{D}}$ 和分离矩阵 $\tilde{W}^{\mathrm{D}}$，并选取 d 个主要的独立成分 $\tilde{W}_d^{\mathrm{D}}$、$\tilde{W}_e^{\mathrm{D}}$、$\tilde{B}_d^{\mathrm{D}}$ 和 $\tilde{B}_e^{\mathrm{D}}$。

（6）建立主模型的监测统计量 $\bar{I}_d^2$ 和辅助模型的监测统计量 $\bar{I}_e^2$ 和 $\bar{Q}^2$。

（7）利用核密度估计方法求取置信区间为 99% 的监测统计量和统计控制限。

6.4.2　状态监测和故障分离方法

基于改进动态核主成分分析方法结合独立成分分析方法的状态监测和故障分离方法步骤如下。

（1）在线采集采样数据，并对新采样数据 X^{new} 进行标准化。

（2）构建增广矩阵 $X_{\mathrm{H}}^{\mathrm{new}}$ 及子矩阵，利用 KPCA 求出非线性特征主元，组成新的增广矩阵。

（3）计算新采样数据的 I_d^2、I_e^2 及 Q^2 监测统计量，并与统计控制限相比较，当计算出的监测统计量小于统计控制限时，说明系统运行正常，转向步骤 1 继续进行状态监测；当计算出的监测统计量大于统计控制限时，则认为有故障产生，进而分离故障变量。

（4）故障分离。

由于采样数据矩阵经过时序扩展和核变换，导致原测量变量和监控变量之间无法一一对应，使得类似 PCA 的贡献图方法无法使用。本书对改进动态核主成分分析方法结合独立成分分析方法的动态非线性变换过程进行分析，可以发现原始测量变量和动态非线性变换的独立成分构成的监控统计量之间仍然存在一定的关系，即故障变量和独立成分之间有较大的相关性，而与故障无关的变量和独立成分的相关性较小。因此，采用可根据式（6.25）计算贡献图。第 j 个过程变量对非线性动态独立成分主模型监测统计量 $\bar{I}_d^2$ 的贡献量为

$$c_j = \left| \sum_{i=1}^d c_{k,j} \right| \tag{6.25}$$

式中，$c_{k,j} = \sum_{i=1}^d \tilde{w}_{j,k} \varphi_{i,k}^{\mathrm{T}} x_{i,j}$，$\tilde{w}_{j,k}$、$\varphi_{i,k}$ 分别是矩阵 $\tilde{W}_d^{\mathrm{D}}$ 和 $\Phi = (\varphi_1, \varphi_2, \ldots, \varphi_{S_{\mathrm{m}}}) = X_H \tilde{W}_d^{\mathrm{D}} \tilde{B}_d^{\mathrm{D}}$ 的第 (i,k) 个元素，$j = 1, 2, \cdots, S_{\mathrm{m}}$。

基于改进动态核主成分分析方法结合独立成分分析方法的状态监测和故障分离方法流程如图 6.2 所示。

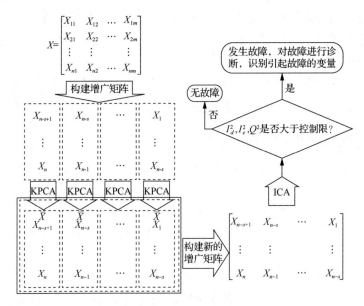

图 6.2　基于改进动态核主成分分析方法结合独立成分分析方法的状态监测
和故障分离方法流程图

6.5　仿真实例

6.5.1　概述

　　活套系统是轧钢过程中一个重要的环节。该部分数据信息是高斯信息和非高斯信息的混合体,并不满足高斯分布;而且,数据变量之间存在很强的非线性关系;另外,由于活套系统中闭环控制系统和储能环节的存在,导致在较高采样频率下采集的观测值间具有明显的动态性。因此,在对轧钢过程进行状态监测和故障分离时,必须考虑到轧钢过程的多种特性并存的实际情况。

　　活套系统主要是通过角度的变化来实现对张力的控制和调节,当活套系统发生故障时,活套的角度信号就会随之出现异常变化,同时,轧制力信号、轧制速度信号也会有异常变化[64]。

　　图 6.3 为 L6 活套发生故障时的数据曲线图,对应特征是某次轧钢过程中 L6(第 6 与第 7 机架间)活套在稳定过钢过程中发生角度突变,进而引起张力和活套转矩的抖动。带钢在 08:09:55 时,角度突然下降,通过仪表检测到活套角度变化后,由于活套和张力控制系统的作用,转矩增加使活套回到原来的角度,这时张力随着转矩的增加也增大,系统为了维持恒张力轧制,迫使活套转矩下降。

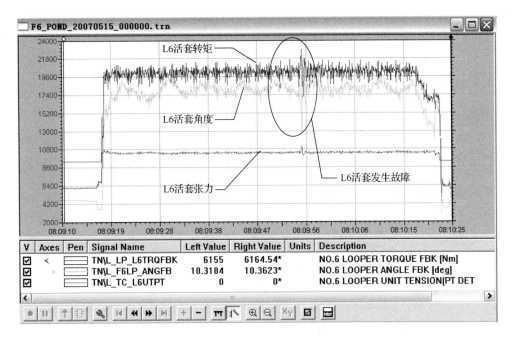

图 6.3　L6 活套发生故障时的数据曲线图

6.5.2　仿真结果与分析

　　基于改进动态核主成分分析方法结合独立成分分析方法的轧钢过程状态监测和故障分离方法的实现大致可分为两部分：①对现场正常工况下的建模数据进行数据特性分析和标准化，并实现基于改进动态核主成分分析方法结合独立成分分析方法的统计建模以及统计控制限计算；②对轧钢过程进行在线监测及故障分离，并证明方法的有效性。

　　为了验证改进动态核主成分分析方法结合独立成分分析方法的状态监测和故障分离性能，本章选取 33 个反映活套系统状态的轧钢过程变量，包括活套角度、速度、张力、轧制力等。采集正常工况下的 1000 组数据用于改进动态核主成分分析方法结合独立成分分析方法的统计建模，并求出统计控制限。在线应用时，获得在线数据 X^{new}，并对其标准化，分步解决采样数据的动态性，根据统计模型计算在线监测统计量。基于改进动态核主成分分析方法结合独立成分分析方法的轧钢过程状态监测结果如图 6.4 所示，在线采样数据在第 100 个采样点以后结束，从第 101 个采样点后出现故障。

　　为作比较，分别用 DICA 方法和动态核主成分分析（dynamic kernel principal component analysis，DKPCA）方法对轧钢过程进行状态监测，比较其状态监测性能。其状态监测结果如图 6.5 和图 6.6 所示。

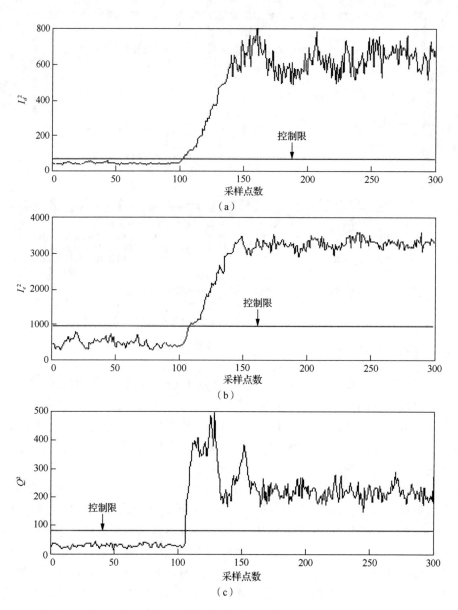

图 6.4 活套故障的改进动态核主成分分析方法结合独立成分分析方法的轧钢过程
状态监测性能监控图

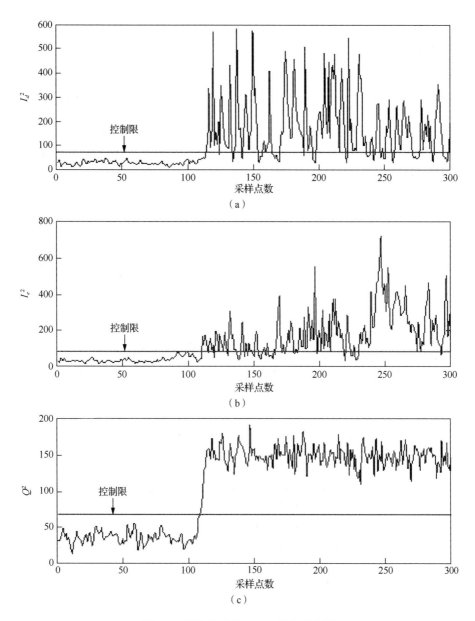

图 6.5　活套故障的 DICA 性能监控图

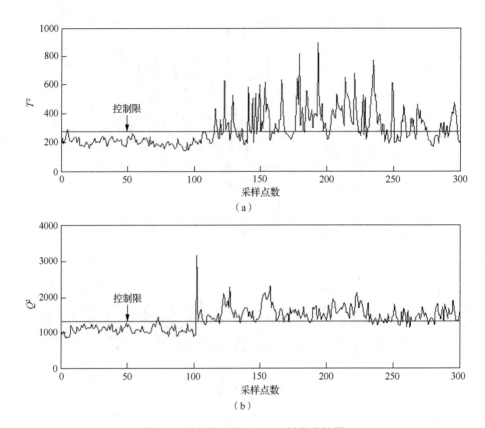

图 6.6 活套故障的 DKPCA 性能监控图

下面就来对比研究三种方法的状态监测结果。从图 6.4 中可以看出，基于改进动态核主成分分析方法结合独立成分分析方法的 I_d^2、I_e^2 及 Q^2 监测统计量有效地监测到了故障的发生。当故障发生后，I_d^2、I_e^2 及 Q^2 监测统计量很快超出了控制限（三个控制限分别在第 103、104 和 106 个采样时刻超出统计控制限），绝大多数采样点都大幅超出控制限；从故障显示的持续性来看，三个监测统计量都能持续地显示故障至监测结束。

图 6.5 为基于 DICA 的状态监测和故障分离方法的监测统计量对活套故障的监测结果。在图 6.5 中，基于 DICA 的状态监测和故障分离方法的三个监测统计量中只有 Q^2 可以精确地检测出故障，I_d^2 和 I_e^2 监测统计量超限并不明显，有许多采样点的值在统计控制限以下，监控效果不理想，有一定的误检率。

图 6.6 为基于动态核主成分分析的故障分离方法的监测统计量对活套故障的监测结果。在图 6.6 中，基于动态核主成分分析的故障分离方法的 Q^2 监测统计量在第 102 个采样时刻超出统计控制限，对故障最敏感，但是该监测统计量的故障

显示持续性差，超限不明显。而且统计量 T^2 并没有监测到故障的发生，误检率最大。

　　三种方法对活套故障的状态监测结果如表 6.1 所示。从以上分析可以得出结论：基于改进 DKPCA 方法结合 ICA 方法能更早地发现过程中存在的故障，并且状态监测的准确率最高。因此，基于改进 DKPCA 方法结合 ICA 方法的状态监测性能优于 DICA 方法和 DKPCA 方法的状态监测性能，从而验证改进 DKPCA 方法结合 ICA 方法在状态监测方面对动态性、非线性和非高斯数据的有效性和可行性。

表 6.1　三种方法对活套故障的状态监测结果

方法	统计量	监测率
改进 DKPCA 方法结合 ICA 方法	$\overline{I}_d^2$	0.993
	$\overline{I}_e^2$	0.987
	$\overline{Q}^2$	0.983
DICA 方法	I_d^2	0.937
	I_e^2	0.917
	Q^2	0.980
DKPCA 方法	T^2	0.887
	Q^2	0.927

　　故障分离通过计算非线性动态独立成分主模型监测统计量 $\overline{I}_d^2$ 的贡献值并画出贡献图来实现。如图 6.7 所示，故障刚刚发生时，便调用监测统计量 $\overline{I}_d^2$ 的贡献图分析故障变量。横坐标表示各个变量，纵坐标表示每个变量的贡献值。我们发现

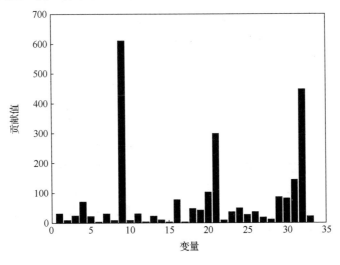

图 6.7　改进 DKPCA 结合 ICA 方法的活套故障变量贡献图

第 9 个变量对 $\overline{I}_d^2$ 监测统计量的贡献值最大，因此我们确定第 9 个变量为主导故障变量，查表 4.1 可知，第 9 个变量正是活套角度。除第 9 个变量外，发现第 21 个变量和第 32 个变量对 $\overline{I}_d^2$ 监测统计量的贡献也较大，查表 4.1 得知第 21 个变量为活套转矩，第 32 个变量为活套单位张力。实际上，活套故障是活套角度首先发生异常变化，从而引起了活套转矩和张力的异常变化，这 3 个变量均与故障有关。由此，本书提出的贡献图方法可以正确地分离出故障变量。

以上仿真充分说明，利用本章所提出的方法可以准确地提取轧钢过程动态、非线性及非高斯分布特性，并有效地对轧钢过程进行状态监测和故障分离。

6.6　本 章 小 结

本章针对轧钢工业过程数据动态性、非线性和非高斯分布的特点，提出了基于改进动态核主成分分析方法结合独立成分分析方法的状态监测和故障分离方法。首先使用分步动态策略处理数据之间的动态关系，解决了 DPCA 方法在处理动态数据方面的不足，即将前 S 个时刻的观测值进行扩展从而构建增广矩阵，并将增广矩阵分解成 S 个子矩阵，利用 KPCA 方法分别对各个子相关矩阵进行非线性特征提取和互相关关系提取；然后，将提取的非线性特征主元合并成一个新的增广数据矩阵，利用 ICA 方法进行状态监测。本章提出一种新的贡献图方法识别故障变量，可以迅速地追溯各测量变量对故障的贡献量大小，分离出故障变量，实现故障分离。该方法充分考虑了轧钢工业过程中数据非线性、非高斯分布的特征，能更精确地描述轧钢过程特性、监测生产过程状态。由于基于改进动态核主成分分析方法结合独立成分分析的状态监测和故障分离方法改进了 DPCA 方法，并综合了 KPCA 方法处理非线性数据及 ICA 提取非高斯数据的优点，相对于单独的 DICA 和 DKPCA 方法，本书提出的方法具有更好的状态监测和故障分离性能。通过对轧钢过程活套系统的状态监测和故障分离仿真研究，验证了基于改进DKPCA 方法结合 ICA 方法的状态监测和故障分离方法的有效性和合理性。

虽然基于贡献图的方法可以分离和辨识出故障变量，但却无法判断故障的类型，从而导致现场工作人员无法根据故障分离结果进行故障排除和修复，因此如何判断故障类型将是以后研究的重点。另外，基于改进动态核主成分分析方法结合独立成分分析方法，同其他的基于核方法的状态监测和故障分离方法一样，核函数的选择、构造以及核参数的选择对监控性能影响较大。因此，如何对现有方法进行优化和改进还需要做进一步的研究。

第7章 基于优化策略的 KFDA 的状态监测和故障识别

7.1 引　　言

　　故障识别是故障诊断的最高层次，它要在故障发生后给出故障的类型及严重程度的评估。本章要研究的问题主要针对故障类型的识别，所展开的故障识别研究建立在状态监测的基础上。FDA 方法是模式识别领域中的一种重要的统计分类方法，它可以在实现对数据进行线性降维的同时将各类数据最大程度的分离，从这点上讲它是一种最优的分类方法[1]。

　　目前，FDA 方法已经受到了学术界的广泛关注，Chiang 等[195,196]将 FDA 方法引入复杂工业过程进行状态监测和故障识别。但是，FDA 方法是一种线性方法，如果过程数据之间存在非线性关系，FDA 方法便无法准确判断过程的状态。针对工业过程广泛存在的非线性问题，Mika 等[197]将核学习理论与 FDA 方法相结合提出核费希尔判别分析（kernel FDA，KFDA）方法，解决了非线性过程的故障识别问题。很多研究已经证明了该方法的有效性。虽然与 FDA 和 KPCA 等方法比较，KFDA 方法的状态监测和故障识别效率和精度都有很大的提高，但也存在一些关键问题未能解决。

　　首先，KFDA 是一种基于核函数的方法，其特征提取、状态监测和故障识别性能依赖于核函数的模型和参数，合适的核函数能有效地提高 KFDA 方法的非线性处理能力以及故障识别效果。针对核函数模型和参数的选择优化，目前大多采用交叉验证实现模型和参数选择，较为有效的交叉验证方法是"留一法"[198]，该类方法虽然能选择出合适的参数，但庞大的计算量限制了该类方法的发展。之后，梯度下降法被用来实现核参数的自动选择，虽然该方法的计算效率有所提高，但易陷入局部最优解[199]。Pourbasheer 等[200]和 Zhang 等[201]分别采用遗传（genetic algorithm，GA）算法和粒子群优化（particle swarm optimization，PSO）算法优化核参数，在实际应用中取得了较好的效果，为解决核参数选择问题提供了一条有效的途径。但基于 GA 和 PSO 等优化方法也同样未能在根本上解决局部最优解和收敛速度慢等问题。

　　其次，当对一个规模为 $n \times m$ 的数据样本建立 KFDA 模型时（n 为采样个数，m 为变量个数），需要对数据样本进行核变换计算出核矩阵 K，而核变换之后得到的核矩阵的维数从 $n \times m$ 变为 $n \times n$。当采样个数 n 大于变量个数 m 时，由于进行在线实时监测和故障识别时，每个训练样本都参与运算，因而加大了在线实时监测和故障识别的核矩阵 K 的计算量。为解决核矩阵计算效率低的问题，Baudat 等[202]提出特征样本的方法，该方法通过选取尽量少的特征样本来描述整个样本集，使得它们的分布等特征相同，从而保证用特征样本建立的监测模型与用全体样本建立的监测模型基本一致。但是该方法只是对如何选取特征样本做了初步的分析。Cui 等[203]提出了基于特征样本的 KPCA 故障检测方法，仿真实验表明该方法在保证诊断精度的同时可以大大提高计算效率。但是，该类方法在提取选择特征样本时存在以下问题：①特征样本个数在选取特征样本前需人为设定，目前对于特征样本个数的确定尚无理论指导。②特征样本选择采用穷举搜索的方法最小化目标函数能充分描述整个样本集的特征样本集，当采样样本较大时，该方法便无能为力了。

在特征样本选取之前，需要设定核函数和参数，核函数和参数的选择决定特征样本的分布和结构，而特征样本的选择同样影响核函数及其参数。因此，在建立 KFDA 统计模型时，必须同时考虑特征样本的选择和核函数参数的优化。

针对 KFDA 算法存在的以上问题，本章提出一种基于优化策略的 KFDA 状态监测和故障识别方法。该方法采用改进生物地理学优化算法，同时优化核函数参数和选取特征样本，并引入具有全局特性和局部特性的混合核函数，有效地得到最优核参数和特征向量，实现轧钢过程的故障识别，可以有效地提高计算效率、在线监测和故障识别性能。

7.2　基于 KFDA 的故障识别

7.2.1　FDA 的基本原理

FDA 是一种目前广泛应用的判别分类技术，它可以最大程度地将数据分类[80]。FDA 的基本思想就是找到一系列按类间离散度最大化同时类内离散度最小化准则进行排列的最优判别向量，从而使得高维特征空间可以映射到已经获得的最优判别向量上，构造一个低维特征空间，在映射后的低维空间中，各类之间就得到了最优的分离。设样本数据 $X \in R^{n \times N}$，其中 n 表示采样个数，N 表示过程变量的个数。该数据样本包含 p 个数据类型，N_j 表示第 j 类中观测变量的个数，$\bar{x}_i$ 是对应 X 中第 j 类的 N 维样本的均值。

$$\bar{x}_i = \frac{1}{n} \sum_{x \in X_i} X_i, \quad i = 1, 2, \cdots, p \quad\quad (7.1)$$

为了理解 FDA 方法，我们需要先定义几个矩阵来量化总体离散度、类内离散

度及类间离散度。类内离散度矩阵可表示为

$$S_w = \sum_{i=1}^{p} S_i \tag{7.2}$$

式中,

$$S_i = \sum_{x \in X_i} (x - \overline{x}_i)(x - \overline{x}_i)^{\mathrm{T}} \tag{7.3}$$

为第 i 类的类内离散度矩阵。

设 $\overline{x}$ 为 X 中的样本均值向量,则定义类间离散度矩阵为

$$S_b = \sum_{i=1}^{p} n_i (\overline{x}_i - \overline{x})(\overline{x}_i - \overline{x})^{\mathrm{T}} \tag{7.4}$$

总体离散度矩阵等于类间离散度矩阵和类内离散度矩阵之和。

$$S_t = S_w + S_b \tag{7.5}$$

最优 FDA 向量的目标是在最小化类内离散度的同时,最大化类间离散度:

$$J = \max_{w \neq 0} \frac{w^{\mathrm{T}} S_b w}{w^{\mathrm{T}} S_w w} \tag{7.6}$$

式中,假设 S_w 可逆,$w \in R^m$,其中 w 即为所求的最优判别向量。

根据拉格朗日算法,可令式(7.6)中的分母为非零常数,即

$$w^{\mathrm{T}} S_w w = c \neq 0 \tag{7.7}$$

拉格朗日函数定义为

$$L(w, \lambda) = w^{\mathrm{T}} S_b w - \lambda (w^{\mathrm{T}} S_w w - c) \tag{7.8}$$

式中,λ 为拉格朗日算子。将式(7.8)对 w 求偏导数,得

$$\frac{\partial L(w, \lambda)}{\partial w^{\mathrm{T}}} = S_b w - \lambda S_w w \tag{7.9}$$

令

$$S_b w - \lambda S_w w = 0 \tag{7.10}$$

即

$$S_b w = \lambda S_w w \tag{7.11}$$

当 S_w 非奇异时,式(7.11)两边同时左乘 S_w^{-1},可得

$$S_w^{-1} S_b w = \lambda w \tag{7.12}$$

因此,求取最优判别向量的问题就变成了式(7.12)中 $S_w^{-1} S_b$ 特征向量分解的问题。对 $S_w^{-1} S_b$ 进行特征向量分解,可知第一个向量 w_1 是与最大特征值 λ_1 对应的特征向量,第二个向量 w_2 是与次大特征值 λ_2 对应的特征向量,第 k 个向量 w_k 是与第 k 个次大特征值 λ_k 对应的特征向量,其余向量依此类推。特征值 λ_k 的意义为把样本数据投影到向量 w_k 后所有类的整体离散程度。特征值 λ_k 说明,当类中的数据投影到与之相对应的特征向量 w_k 时,相对于类的方差来说,类的均值在总体上

有较大的分离，所以在沿 w_k 方向上的类中具有较大的分离度。

7.2.2 KFDA 方法的基本原理

Mika 等[197]最早提出了 KFDA 判别分析方法，它是一种非线性分类方法。该方法在高维特征空间中得到的线性最优判别和特征向量实质为原始空间中的非线性最优判别和特征向量。

设样本数据 $X \in R^{n \times N}$，n 表示采样个数，N 表示过程变量的个数，该数据样本包含 p 个数据类型，N_j 表示第 j 类中观测变量的个数。经过非线性映射后对应的模式向量为 $\Phi(x) \in H$，则在高维特征空间 H 中采样数据的类内散度矩阵 S_{w}^{Φ}，类间散度矩阵 S_{b}^{Φ} 和总体散度矩阵 S_{t}^{Φ} 分别为

$$S_{\mathrm{w}}^{\Phi} = \frac{1}{N} \sum_{i=1}^{M} \sum_{i=1}^{n} (\Phi(x_j^i) - m_i^{\Phi})(\Phi(x_j^i) - m_i^{\Phi})^{\mathrm{T}} \qquad (7.13)$$

$$S_{\mathrm{b}}^{\Phi} = \sum_{i=1}^{M} \frac{N_i}{N} (m_i^{\Phi} - m_o^{\Phi})(m_i^{\Phi} - m_o^{\Phi})^{\mathrm{T}} \qquad (7.14)$$

$$S_{\mathrm{t}}^{\Phi} = \frac{1}{N} \sum_{j=1}^{N} (\Phi(x_j) - m_o^{\Phi})(\Phi(x_j) - m_o^{\Phi})^{\mathrm{T}} = S_{\mathrm{w}}^{\Phi} + S_{\mathrm{b}}^{\Phi} \qquad (7.15)$$

式中，$\Phi(x_j^i) \, (i = 1, 2, \cdots, p; j = 1, 2, \cdots, N_i)$ 为特征空间 H 中第 i 类数据的第 j 个采样向量；m_i^{Φ} 是特征空间 H 中第 i 类的样本均值：

$$m_i^{\Phi} = \frac{1}{N} \sum_{j=1}^{N_i} \Phi(x_j^i) \qquad (7.16)$$

特征空间 H 中全体样本的均值 m_o^{Φ} 为

$$m_o^{\Phi} = \sum_{i=1}^{p} p(M_i) m_i^{\Phi} \qquad (7.17)$$

式中，$p(M_j)$ 为第 i 类样本的先验概率。

我们从式（7.13）～式（7.15）可以得知，S_{w}^{Φ}、S_{b}^{Φ} 和 S_{t}^{Φ} 均为非负定的对称矩阵。

在特征空间 H 中的费希尔判别准则定义为

$$J(w) = \frac{w^{\mathrm{T}} S_{\mathrm{b}}^{\Phi} w}{w^{\mathrm{T}} S_{\mathrm{w}}^{\Phi} w} \qquad (7.18)$$

在式（7.18）中，w 为一非零列向量，FDA 就是通过最优化费希尔判别准则函数找到最优判别向量 w 的，数据在最优判别向量上的投影即为其费希尔特征向量。因为高维特征空间 H 的维数很高，我们无法直接求出最优费希尔判别向量，所以需要对式（7.18）进行相应的变换，内积计算可由原始空间定义的核函数来表示。

$$K(x_i, x_j) = \left[\Phi(x_i), \Phi(x_j) \right] \tag{7.19}$$

因此，我们需要将原问题转化为只包含映射后数据内积计算的形式。根据再生核理论[127]，任意最优化准则函数的解向量 w 一定位于这样的空间内，该空间由高维特征空间 H 中所有数据 $\Phi(x_1), \cdots, \Phi(x_n)$ 所组成，即

$$w = \sum_{i=1}^{N} \alpha_i \Phi(x_i) = \Phi\alpha \tag{7.20}$$

式中，$\Phi = (\Phi(x_1), \cdots, \Phi(x_N))$；$\alpha = (\alpha_1, \cdots, \alpha_N)^{\mathrm{T}} \in R^N$。

我们把式（7.20）中的 α 称为对应于高维特征空间 H 中的最优判别向量，该最优判别向量是与最优特征向量 w 相对应的。

将采样值 $\Phi(x_i)$（$\Phi(x_i)$ 为高维特征向量 H 中数据）投影到 w 上：

$$
\begin{aligned}
w^{\mathrm{T}}\Phi(x_i) &= \alpha^{\mathrm{T}}\Phi^{\mathrm{T}}\Phi(x_i) \\
&= \alpha^{\mathrm{T}}(\Phi(x_1)^{\mathrm{T}}\Phi(x_i), \cdots, \Phi(x_i)^{\mathrm{T}}\Phi(x_i))^{\mathrm{T}} \\
&= \alpha^{\mathrm{T}}(K(x_1, x_i), \cdots, K(x_n, x_i)) = \alpha^{\mathrm{T}}\xi_{x_i}
\end{aligned} \tag{7.21}
$$

我们把 ξ_x 称为核采样向量，该核采样向量是与原始空间采样数据 $x \in R^n$ 相对应的，表示如下：

$$K_x = (K(x_1, x), \cdots, K(x_N, x))^{\mathrm{T}} \tag{7.22}$$

类似的，我们把高维特征空间 H 中的类内采样均值 $m_i^{\Phi}(i = 1, 2, \cdots, M)$ 和总体采样均值 m_o^{Φ} 分别投影到 w 上：

$$w^{\mathrm{T}}m_i^{\Phi} = \alpha^{\mathrm{T}}\Phi^{\mathrm{T}}\frac{1}{N_i}\sum_{j=1}^{N_i}\Phi(x_j^i) \tag{7.23}$$

$$w^{\mathrm{T}}m_o^{\Phi} = \alpha^{\mathrm{T}}\Phi^{\mathrm{T}}\frac{1}{N_i}\sum_{j=1}^{N_i}\Phi(x_j) \tag{7.24}$$

可得类内核采样均值 $\mu_i(i = 1, 2, \cdots, M)$ 和总体核采样均值 μ_0：

$$\mu_i = (\frac{1}{N}\sum_{j=1}^{N_i}K(x_1, x_j^i), \cdots, \frac{1}{N}\sum_{i=1}^{N_i}K(x_N, x_j^i))^{\mathrm{T}} \tag{7.25}$$

$$\mu_0 = (\frac{1}{N}\sum_{i=1}^{N}K(x_1, x_i), \cdots, \frac{1}{N}\sum_{i=1}^{N}K(x_N, x_i))^{\mathrm{T}} \tag{7.26}$$

在高维特征空间 H 中的费希尔判别准则函数定义：

$$J(w) = \frac{w^{\mathrm{T}}S_b^{\Phi}w}{w^{\mathrm{T}}S_w^{\Phi}w} = \frac{\alpha^{\mathrm{T}}K_b\alpha}{\alpha^{\mathrm{T}}K_w\alpha} = J \tag{7.27}$$

式中，

$$K_b = \sum_{i=1}^{M}\frac{N_i}{N}(\mu_i - \mu_0)(\mu_i - \mu_0)^{\mathrm{T}} \tag{7.28}$$

$$K_{\mathrm{w}} = \frac{1}{N} \sum_{i=1}^{M} \sum_{j=1}^{N_i} (\xi_{x_j^i} - \mu_i)(\xi_{x_j^i} - \mu_i)^{\mathrm{T}} \tag{7.29}$$

把式（7.28）和式（7.29）中的核矩阵分别称为核类内离散度矩阵 K_{b} 和离散度矩阵 K_{w}。

我们把式（7.27）的判别准则函数称为核费希尔判别准则函数[87]。最优核费希尔判别向量 α_{opt} 为使核费希尔判别准则函数最大所对应的判别向量，它可通过求解如下广义特征方程得

$$K_{\mathrm{b}} \alpha_{\mathrm{opt}} = \lambda K_{\mathrm{w}} \alpha_{\mathrm{opt}} \tag{7.30}$$

7.2.3　基于 KFDA 的状态监测和故障识别

KFDA 引入核方法将数据从原始空间映射到高维的特征空间，把原始空间数据之间的非线性关系转变成为高维特征空间中的线性关系。利用 FDA 提取出数据的判别向量和特征向量。状态监测通过比较费希尔特征向量之间的欧氏距离来实现，而最优的费希尔判别向量用来鉴别故障类型。

1. 监测统计量和统计控制限的确定

PCA 方法采用两个监控指标（T^2 统计量和 SPE 统计量）进行状态监测，T^2 统计量的本质是当前采样数据主元向量的马氏范数，而 SPE 统计量的本质采用欧氏距离量度采样数据各变量之间的相关关系。FDA 方法也可以利用距离作为统计量，通过比较当前数据集和参考数据集之间的最优特征向量的欧氏距离进行状态监测。当统计量小于控制限时，说明过程状态正常；否则判断有故障发生。假设参考数据和采样数据的核费希尔特征向量分别为 $\xi_{\mathrm{train}}(\xi_{\mathrm{tr},1}, \xi_{\mathrm{tr},2}, \cdots, \xi_{\mathrm{tr},n})$ 和 $\xi_{\mathrm{test}}(\xi_{\mathrm{te},1}, \xi_{\mathrm{te},2}, \cdots, \xi_{\mathrm{te},n})$。最优特征向量之间的欧氏距离即为 KFDA 的监测统计量，该统计量可以表示为

$$D = \| \xi_{\mathrm{train}} - \xi_{\mathrm{test}} \| \tag{7.31}$$

与第 6 章中定义的改进动态核主成分分析方法结合独立成分分析的监测统计量类似，对于本章定义的欧氏距离统计量，也无法知道其确切的统计分布情况，只能通过大量的数据来提供其分布信息。所以本章中也采用基于核密度估计方法来计算统计量的概率密度函数，进而确定统计量的控制限 D^*。

2. 故障识别

KFDA 是利用正常数据和某一类故障数据进行成对 KFDA 分析来得到一个最优的核费希尔判别向量，在故障情况下，最优的核费希尔判别向量也可以认为是核费希尔故障方向向量，由于不同故障类型所得到的核费希尔判别向量各不相同，

可以通过 KFDA 分析故障方向实现故障识别。首先，对数据库中的每种故障进行 KFDA 分析，得到对应的最优费希尔判别向量，即每种故障的故障方向，从而建立故障数据集的最优核费希尔判别向量库。其次，在线监测到工业过程发生故障后，在该故障状态下采集数据，并计算出当前故障数据对应的 KFDA 故障方向。最后，将该故障方向与故障模式库中的所有故障相比较，如果第 i 个故障方向与之相同或接近，则我们就可以将认为新监测到的故障为故障库中的第 i 种故障类型。定义故障模式库为 F_p，共包括 p 类故障：

$$F_p = [w_{\mathrm{opt}}^1, w_{\mathrm{opt}}^2, \cdots, w_{\mathrm{opt}}^p] \tag{7.32}$$

式中，w_{opt}^i 为第 i 类故障所对应的最优核费希尔判别向量。

在线故障诊断时，提取当前故障数据的最优核费希尔判别向量 $w_{\mathrm{opt}}^{\mathrm{new}}$，通过比较 $w_{\mathrm{opt}}^{\mathrm{new}}$ 与 w_{opt}^i 之间的相似程度来判断当前故障的类型。

$$S_i = \frac{(w_{\mathrm{opt}}^{\mathrm{new}})(w_{\mathrm{opt}}^i)^{\mathrm{T}}}{\left\| w_{\mathrm{opt}}^{\mathrm{new}} \right\| \cdot \left\| w_{\mathrm{opt}}^i \right\|} \tag{7.33}$$

从式（7.33）可以看出，两个向量相近时，其相似度 S_i 接近于 1，可认定当前故障为第 i 类故障。在实际应用中，可以设定一个诊断阈值 S，当 $S_i > S$ 时，可以认定第 i 类故障发生。若当前数据与故障数据集中的任一的相似度都小于该诊断阈值，则很可能是一个新的未被辨识的故障，可以结合工艺知识确定故障的类型，并将其纳入最优核费希尔判别向量库中。

7.3　基于改进生物地理学优化算法的核参数优化和特征样本选取

7.3.1　生物地理学优化算法

生物地理学优化（biogeography-based optimization，BBO）算法是由 Simon[204] 于 2008 年提出的一种新的基于种群的进化算法。该算法是在对生物物种迁移数学模型的研究基础上，借鉴其他仿生智能优化算法的框架而形成的。虽然 BBO 算法是一种基于种群的优化算法，但是它不需要繁殖或者产生下一代。BBO 算法利用迁入率决定栖息地需要引入的特征变量的比例，而且迁入的特征变量来自不同的个体；GA 中交叉操作无法根据适应值的不同来控制交叉基因的比例，而且交叉的基因片段来自同一个体，这是与遗传算法的显著不同之处。BBO 算法也有别于蚁群优化（ant colony optimization，ACO）算法，ACO 算法在每一代产生一系列新的种群，BBO 算法则保持种群不变。BBO 算法和 PSO 算法以及差分进化（differential evolution，DE）算法较为相似，它们都将产生的方案保存到下一代，每一方案都能与其邻居进行信息交互，从而进行调整。PSO 算法通过速度向量间接改变位置，DE 算法直接地变化其方案，而 BBO 算法采用了根据不同栖息地种群数量选择不同操作强度的生物激励机制。这些不同之处都表明，BBO 算法是一种独特的优化算法。

1. BBO 算法的基本原理

BBO 算法的基本思想是通过群体中相邻个体的迁徙和变异来寻找全局最优解。在 BBO 算法中，每个个体被认为是一个岛屿（island），岛屿的优劣用岛屿适合性指标（island suitability index，ISI）来衡量，岛屿的特性用适合性指标变量（suitability index variable，SIV）表示。

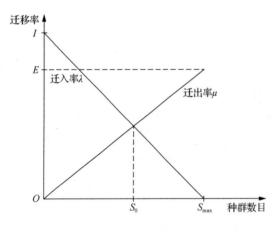

图 7.1　物种迁移模型

BBO 算法模拟生物物种在地理分布上的特征，采用基于概率的个体迁移算子使个体之间共享信息，这与生物物种在各岛屿之间相互迁移类似。每个个体具有各自的迁入率 λ 和迁出率 μ，图 7.1 用直线简化表示了迁入率 λ 和迁出率 μ 两个函数，但实际上这两个函数可能是非常复杂的非线性函数，该模型只是给出了栖息地种群迁入和迁出一个大体的描述。根据图 7.1 的迁移模型，给定种群数量 k 和种群最大值 n，可以计算出：

$$\begin{cases} \lambda_k = I \times \left(1 - \dfrac{k}{n}\right) \\ \mu_k = E \times \dfrac{k}{n} \end{cases} \tag{7.34}$$

当物种的种类为 0 时，物种的迁出率 μ 为 0，物种的迁入率 λ 最大；当物种种类达到 $S_{\max}$ 时，物种的迁入率 λ 为 0，物种的迁出率 μ 达到最大；当物种的种类为 S_0 时，迁出率和迁入率相等，此时达到动态平衡；如果由于某种灾难使的这种平衡被打破，则重新进行物种迁移，经过一段时间又达到新的动态平衡。

为了提取生物地理学数学模型，设栖息地容纳 S 种生物种群的概率为 P_S，式（7.35）给出了 P_S 在 $t + \Delta t$ 时的函数模型。

$$P_S(t + \Delta t) = P_S(t)(1 - \lambda_S - \mu_S \Delta t) + P_{S-1}(t)\lambda_{S-1}\Delta t + P_{S-1}(t)\mu_{S-1}\Delta t \tag{7.35}$$

式中，λ_S 和 μ_S 表示该栖息地的物种种类为 S 时的物种迁入率和迁出率。

假设 Δt 足够小，使得超过一类物种的迁入或迁出的概率可以忽略不计，则当

$\Delta t \to 0$ 时，对式（7.35）求关于时间的极限可以得

$$\dot{P}_S(t) = \begin{cases} -(\lambda_S + \mu_S)P_S + \mu_{S+1}P_{S+1}, & S = 0 \\ -(\lambda_S + \mu_S)P_S + \lambda_{S+1}P_{S+1} + \mu_{S+1}P_{S+1}, & 1 \le S \le S_{\max} - 1 \quad (7.36) \\ (\lambda_S + \mu_S)P_S + \lambda_{S-1}P_{S-1}, & S = S_{\max} \end{cases}$$

定义 n 为物种种类的最大值，$P = [P_0, P_1, \cdots, P_n]^{\mathrm{T}}$，当栖息地的最大种群数量等于 n 时，不同种群数量对应的概率组成的向量如下：

$$P(n) = \frac{v}{\sum\limits_{i=1}^{n+1} v_i} \quad (7.37)$$

式中，$v = [v_1, v_2, \cdots, v_{n+1}]$；$v_i = \begin{cases} \dfrac{n!}{(n-1-i)!(i-1)!}, & i = 1, \cdots, i' \\ v_{i+2-i}, & i = i'+1, \cdots, n+1 \end{cases}$；$i'$ 为大于 $(n+1)/2$ 的最小整数。

针对生物地理学数学模型建立的详细步骤见文献[205]。

如果一个栖息数量概率较低，则该方法存在的概率较小。如果发生突变，它很有可能突变成更好的方法。相反地，具有较高数量概率的方法则具有很小的可能性突变到其他方法。因此突变概率函数与该栖息地的数量概率成反比，相应的函数如下：

$$m(X_i) = m_{\max} \frac{1 - P(S_i)}{P_{\max}} \quad (7.38)$$

式中，$m_{\max}$ 为用户定义突变率的最大值。

该突变函数可使低适宜度的方案以较大概率发生突变，为该栖息地增加更多的机会搜索目标。但该突变方法还会破坏较优方案的栖息地特征，因此需要在算法迭代过程中部分保留样本精英个体，使得较好栖息地特征得到有效保护[206]。

2. BBO 算法的实现步骤

定义栖息地的规模为 n，每个栖息地由 D 维适宜度变量组成，其向量 $X_i = (X_{i1}, X_{i2}, \cdots, X_{iD})$，$i = 1, 2, \cdots, n$ 代表优化问题在 D 维搜索空间中潜在的解。栖息地 i 的适宜度可以通过 $f(X_i)$ 进行量度。全局的变量还包括系统迁移率 P_{mod} 和系统突变率的最大值 $m_{\max}$。

栖息地 i 参数还包括其容纳的种群数量 S_i，S_i 可根据栖息地的适宜度 $f(X_i)$ 进行计算，$S_i \le S_{\max}$；种群数量 S_i 可通过式（7.34）计算出其对应的迁入率 $\lambda(S_i)$ 和迁出率 $\mu(S_i)$，式（7.36）可计算出栖息地 i 容纳 S_i 种生物种群的概率 $P(S_i)$。

BBO 算法的具体实现步骤如下。

（1）初始化 BBO 算法参数，设定栖息地数量 n、优化问题的维度 D、栖息地

种群最大容量 S_{max}；设定迁入率函数最大值 I 和迁出率函数最大值 E、最大突变率 m_{max}、迁移率 P_{mod} 和精英个体留存数 z。

（2）随机初始化每个栖息地的适应度向量 X_i，$i=1,2,\cdots,n$。每个向量对应于一个潜在的对于给定问题的解。

（3）计算栖息地 i 的适宜度 $f(X_i)$，$i=1,2,\cdots,n$，并计算栖息地 i 对应的物种数量 S_i、迁入率 $\lambda(S_i)$ 及迁出率 $\mu(S_i)$，$i=1,2,\cdots,n$。

（4）利用 P_{mod}（循环栖息地数量 n 作为循环次数）判断栖息地 i 是否进行迁入操作。若栖息地 i 被确定发生迁入操作，则循环利用迁入率 $\lambda(S_i)$ 判断栖息地 i 的特征分量 $X_{i,j}$ 是否发生迁入操作（问题维度 D 作为循环次数），若栖息地 i 的特征分量 $X_{i,j}$ 被确定，则利用其他栖息地的迁出率 $\mu(S_i)$ 进行轮盘选择，选出栖息地 k 的对应位置替换栖息地 i 的对应位置。重新计算栖息地 i 的适宜度 $f(X_i)$，$i=1,2,\cdots,n$。

（5）根据式（7.36）更新每个栖息地的种群数量概率 $P(S_i)$。然后根据式（7.38）计算每个栖息地的突变率，进行突变操作，突变每一个非精英栖息地，用 $m(S_i)$ 判断栖息地 i 的某个特征分量是否进行突变。重新计算栖息地 i 的适宜度 $f(X_i)$。

（6）是否满足停止条件。如不满足，跳转到步骤 3，否则输出迭代过程中的最优解。

7.3.2 改进生物地理学优化算法

迁移和变异是 BBO 算法的两种重要的策略。不同迁移率将对 BBO 算法的性能产生重要影响。在标准 BBO 算法中，采用的迁移率模型为线性模型，即迁入率和迁出率是关于物种种类 k 的线性函数。但在实际的自然规律中，当栖息地上有较少物种时，迁出率变化比较平稳，迁入率变化相对较快，而当栖息地具有一定数量的物种时，迁入率变化比较平稳，迁出率变化相对较快。而且，标准 BBO 算法的个体变异算子仅采用随机变异，导致算法的收敛速度差、搜索能力不强及易陷入局部最优等缺陷。

为了提高 BBO 算法全体信息利用能力的全局搜索能力。本节从迁移策略和变异策略两方面对 BBO 算法进行改进。首先，提出一种新的非线性迁移模型，即正切迁移模型。迁移率计算公式如式（7.39）所示，正切迁移率曲线见图 7.2。新的迁移算子更能反映迁移的自

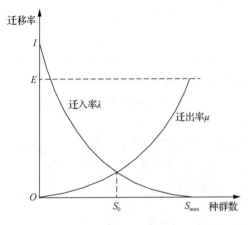

图 7.2 正切迁移率曲线

然规律，使得较差个体能更好地利用多个较好个体的信息，从而改进较差个体，具有很强的群体信息利用能力。

$$
\begin{cases}
\lambda_i = \dfrac{I}{2} \times \tan\left(\dfrac{i}{n} \times \dfrac{\pi}{4}\right) \\
\mu_i = \dfrac{E}{2} \times \cot\left(\dfrac{i}{n} \times \dfrac{\pi}{4} + \dfrac{\pi}{4}\right)
\end{cases}
\tag{7.39}
$$

然后引入具有较强搜索能力的三角变异因子（trigonometric mutation operation）[138]作为 BBO 算法的变异因子，提出了改进的 BBO 算法。改进的 BBO 算法既利用了 BBO 算法利用能力强的特点，又利用了三角变异因子搜索能力强的优势，使得该方法的利用能力和搜索能力得到了有效的平衡。三角变异因子的计算方法如下，首先从栖息地 $X_{i,G}$ 中随机选择 3 个不同的个体 $H_{r_1,G}$、$H_{r_2,G}$ 和 $H_{r_3,G}$ 构造变异因子，其中 $r_1, r_2, r_3 \in \{1, 2, \cdots, NP\}$，NP 表示种群大小而且 $r_1 \neq r_2 \neq r_3 \neq i$。变异因子可以通过式（7.40）计算。

$$
\begin{aligned}
V_{i,G+1} = &\frac{(X_{r_1,G} + X_{r_2,G} + X_{r_3,G})}{3} + (p_2 - p_1)(H_{r_1,G} - H_{r_2,G}) \\
&+ (p_3 - p_2)(H_{r_2,G} - H_{r_3,G}) + (p_1 - p_3)(H_{r_3,G} - H_{r_1,G})
\end{aligned}
\tag{7.40}
$$

式中，$p_1 = \dfrac{\left|f(X_{r_1,G})\right|}{p'}, p_2 = \dfrac{\left|f(X_{r_2,G})\right|}{p'}, p_3 = \dfrac{\left|f(X_{r_3,G})\right|}{p'}$，其中，$f(X_{i,G})$ 表示第 i 个个体的适应度，$p' = \left|f(X_{r_1,G})\right| + \left|f(X_{r_2,G})\right| + \left|f(X_{r_3,G})\right|$；权重 $p_2 - p_1$、$p_3 - p_2$ 和 $p_1 - p_3$ 可以自动调节向量差的贡献大小，从而使得变异的个体向最优解接近的趋势。

三角变异机制对每次随机选取的三个个体中的最优解进行变异，从而使得变异的个体向着最优解的方向搜索，因此三角变异机制也称为贪婪机制，它可以增加算法的群体密度、加快算法的收敛速度以及提高算法的搜索能力。算法 7.1 和算法 7.2 分别描述了改进 BBO 算法的个体迁移策略和变异策略的实现程序。算法中，NP 表示群体大小，X_i 是群体中第 i 个个体，$X_i(j)$ 是个体 X_i 的第 j 维变量，P_i 为变异选择概率。

算法 7.1　个体迁移

1:　**for** i=1 to NP
2:　　用式（7.39）计算概率 λ_i，并选取 X_i
3:　　**if** rand$(0,1) < \lambda_i$
4:　　　**for** j=1 to NP
5:　　　　用通过式（7.39）计算概率 μ_i，并选取 X_j
6:　　　　**if** rand$(0,1) < \mu_i$
7:　　　　　从 X_j 中随机选取一个 SIV
8:　　　　　用选取的 SIV 替换 X_i 中的一个随机 SIV
9:　　　**end**

10:	end
11:	end
12:	end

算法 7.2　个体变异

1:　**for** i=1 to NP
2:　　根据式（7.36）计算概率 P_i，并选取 X_i
3:　　用概率 P_i 选取 SIV $X_i(j)$
4:　　**if** rand(0,1) < m_i
5:　　　根据式（7.40）进行变异得到一个新的 SIV，并替换 $X_i(j)$
6:　　**end**
7:　**end**

7.3.3　核参数优化和特征样本选取

1. 核参数优化

核函数及其参数的选取对核方法的影响很大，如何科学地选择最适合的核函数及其参数是我们目前亟须解决的问题。常用的核函数主要有高斯径向基核函数 $K(x_i,x_j) = \exp\left(-\dfrac{|x_i - x_j|^2}{c}\right)$、多项式核函数 $K(x_i,x_j) = [(x_i,x_j)+1]^k$、Sigmoid 核函数及 B 样条核函数等[85]。因此可以看出核方法的性能直接受到核函数及相关参数选择的影响。核函数可以分成两类[207]：①全局核函数，具有外推、预测能力，相距很远的数据点也可以影响核函数，如多项式核函数；②局部核函数，具有学习、插值能力，只有相距很近的数据点才能影响到核函数值，如高斯径向基核函数。本章根据 Mercer 定理[207]，对多项式核函数和高斯径向基进行凸组合，综合两种核函数的优点，构造出更加灵活的混合核函数[207]，如式（7.41）所示。

$$K_i(x,x') = \rho(x_i \cdot x_j + 1)^d + (1-\rho)\exp\left(-\frac{\|x_i - x_j\|^2}{2\sigma^2}\right), \quad 0 \leqslant \rho \leqslant 1 \qquad (7.41)$$

式中，ρ 为混合核函数权系数；d 为多项式核函数的阶次，取正整数；σ 为高斯径向基核函数参数。

因此，混合核函数有 3 个核参数需要优化。使用故障分类率作为优化目标的适应度函数：

$$f_l(d,\lambda,\sigma) = \frac{n_l}{n} \qquad (7.42)$$

式中，n_l 为误识别个数；n 为样本个数；f_l 的取值范围为 (0,1]。

2. 特征样本选取

为了提高核函数方法的计算效率，需要对采样样本进行选取尽量少的特征样本来描述整个样本集，使得它们的分布等特征相同，从而保证 KFDA 模型与用全体样本建立的主元模型基本一致[202,203]。特征样本的提取方法如下。

原始数据 x_i 在映射空间 F 的像为 $\phi(x_i)$，设 $\phi_i = \phi(x_i)$，$k_{ij} = \phi_i^{\mathrm{T}}\phi_j$，从 N 个样本中选取的特征样本为 $X_S = \{x_{S_1}, \cdots, x_{S_L}\}$，那么其他样本在空间 F 中的映射可用特征样本的映射近似表示，即 $\hat{\phi}_i = \varphi_S \cdot a_i$，其中 $\varphi_S = (\phi_{S_1}, \phi_{S_L})$，$a_i = (a_{i_1}, a_{i_L})^{\mathrm{T}}$，$a_i$ 是使 $\hat{\phi}_i$ 和 ϕ_i 差异最小的系数向量，$\hat{\phi}_i$ 和 ϕ_i 的差异可表示为 $\zeta_i = \dfrac{\left\|\phi_i - \hat{\phi}_i\right\|^2}{\left\|\phi_i\right\|^2}$。由文献[203]可知：

$$\min_{a_i} \zeta_i = 1 - \frac{K_{S_i}^{\mathrm{T}} K_{S_S}^{-1} K_{S_i}}{K_{i_i}} \tag{7.43}$$

式中，$K_{S_S} = (k_{S_p S_q})_{1 \leqslant S_p \leqslant L, 1 \leqslant S_q \leqslant L}$；$k_{S_p S_q} = \phi^{\mathrm{T}}(x_{S_p})\phi(x_{S_q})$；$x_{S_p}$ 和 x_{S_q} 是特征样本；$K_{S_i} = (k_{S_p i})_{1 \leqslant p \leqslant L}$。

从样本集中提取特征样本集 S 时，S 应满足代表性指标。最小化所有样本的差异 ζ_i 的和：

$$\min_S \left(\sum_{x_i \in X} \left(1 - \frac{K_{S_i}^{\mathrm{T}} K_{S_S}^{-1} K_{S_i}}{K_{i_i}} \right) \right) \tag{7.44}$$

$$\max_S \left(\sum_{x_i \in X} \frac{K_{S_i}^{\mathrm{T}} K_{S_S}^{-1} K_{S_i}}{K_{i_i}} \right) \tag{7.45}$$

设 $J_{S_i} = \dfrac{K_{S_i}^{\mathrm{T}} K_{S_S}^{-1} K_{S_i}}{K_{i_i}} = \dfrac{\left\|\hat{\phi}_i\right\|^2}{\left\|\phi_i\right\|^2}$，$J_S = \dfrac{1}{N} \sum_{x_i \in X} J_{S_i}$，可以看出，$J_{S_i}$ 和 J_S 的取值范围为 $(0,1]$。

特征样本提取算法是一个循环过程。首先提取样本集的中间样本，这时特征样本集 S 中只有一个样本（$L=1$），计算 S 的代表性，即计算 J_S 和 J_{S_i}，将最小 J_{S_i} 对应的样本添加到特征样本集中；然后计算新的特征样本集 S 的代表性。这个过程不断循环，直到 J_S 满足要求。

但是特征样本提取方法存在以下问题：第一，特征样本个数在选取特征样本前需人为设定，目前对于特征样本个数的确定尚缺少理论指导。第二，特征样本的选择采用穷举搜索的方法，最小化目标函数能充分描述整个样本集的特征样本集，当采样样本较大时，计算量将呈几何倍数增加，降低了核方法的效率，限制了该方法的实际应用。

本章提出用优化策略的思想解决特征样本的提取问题，将数据矩阵的 n 采样样本作为优化对象（即栖息地），将 $\hat{\phi}_i$ 和 ϕ_i 的差异和计算效率作为优化指标，其适应度函数可以描述为

$$f(f_1, f_2, \cdots, f_n) = W_f \cdot J_S + W_C \cdot \frac{t}{T} \qquad (7.46)$$

式中，$f_i(i = 1, 2, \cdots, n)$ 表示特征标签，对应的采样样本分别为 $x_i(i = 1, 2, \cdots, n)$，f_i 等于 "0" 或 "1"，"0" 代表该特征标签对应的采样样本未被选中，"1" 代表该特征标签对应的采样样本被选中；W_f 和 W_C 分别为特征选取因子和计算效率因子；t 为特征样本选取后的核矩阵计算时间；T 表示特征样本选取前的核矩阵计算时间。

3. 适应度函数确定

在特征样本选取之前，需要设定核函数和参数。核函数和参数的选择决定特征样本的分布和结构，而特征样本的选择同样影响核函数及其参数。因此，在使用 KFDA 算法时，必须同时考虑核函数参数的优化和特征样本的选择。将 3 个核参数和 n 个特征样本共同作为优化的目标，将故障识别准确率、样本选取的相似度及计算效率综合为一个适应度函数。该适应度函数可表示为

$$F = W_I \cdot f_I + W_f \cdot J_S + W_C \cdot \frac{t}{T} \qquad (7.47)$$

式中，W_I 为故障识别率的权重因子。

7.4　基于优化策略的 KFDA 方法

本节针对轧钢过程数据非线性特点以及核费希尔判别分析方法在故障诊断应用中的局限性，提出了优化策略的 KFDA 状态监测和故障识别方法。该方法采用改进生物地理学算法（improved biogeography-based optimization，IBBO）同时优化核函数参数和选取特征样本，并引入具有全局特性和局部特性的混合核函数，得到最优的核参数和特征样本，并使用优化的核参数和特征样本进行 KFDA 建模，识别故障，从而提高核矩阵的计算效率、在线识别的准确率和实时性。

基于优化策略的 KFDA 状态监测和故障识别方法实现步骤如下。

（1）定义 IBBO 算法的初始参数。初始化迭代次数 iteration、最大迁入率 I、最大迁出率 E、最大突变率 $m_{\max}$ 及最大种群数 S 等。

（2）确定初始搜索种群。初始种群由两部分组成，核函数参数 σ、d、权重 ρ 及 L 个随机选取的特征样本。

（3）计算适应度函数值。首先用给定的核参数对整个采样数据矩阵进行 KFDA 建模，记录建模时间 T。然后用给定的核参数对特征样本提取后的矩阵进行 KFDA

建模，记录建模时间 t ，求出正常工况数据和各种故障数据的最优核费希尔判别向量 $\alpha_{\text{opt}}^{0}, \alpha_{\text{opt}}^{1}, \cdots, \alpha_{\text{opt}}^{p}$ ，从而实现故障检测和识别，记录故障识别率 f_I 、样本选取的相似度 J_S ，并确定权重系数 W_I 、 W_f 以及 W_C ，计算适应度函数 $F = W_I \cdot f_I +$ $W_f \cdot J_S + W_C \cdot \dfrac{t}{T}$ 。

（4）执行迁徙操作。根据迁入率和迁出率决定搜索点的坐标是否改变，从而产生新的搜索点，见算法 7.1。

（5）执行变异操作。如果变异率非零，则根据变异公式对当前最高适应度函数对应的点进行变异，并更新，见算法 7.2。

（6）搜索最优解。对所有搜索点重新排序，保持最高适应度函数对应的点。如果满足迭代终止条件，则退出迭代，否则重复步骤（3）。

（7）结束。返回最优核函数和特征样本最优子空间的位置。

基于优化策略的 KFDA 状态监测和故障识别方法的流程框图，如图 7.3 所示。

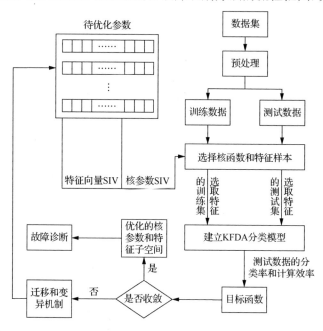

图 7.3 基于优化策略的 KFDA 状态监测和故障识别方法的流程框图

7.5 仿 真 实 例

7.5.1 概述

轧机厚度自动控制系统是现代板带轧钢过程实现高精度轧制必不可少的关键

环节。该系统是一个复杂综合控制系统，包括厚度计式厚度自动控制（gage meter automatic exposure control，GM-AEC）、监控厚度自动控制（monitor automatic exposure control，M-AEC）、负荷分配控制、辊缝补偿及带钢末机架补偿等功能[208]。一方面，厚度自动控制系统具有机械、液压、电气等方面的信息，任何一个子系统或者部件发生故障都可能导致整个系统发生故障，因此，该系统的故障率较高且故障原因复杂，是轧机维护的重点和难点。另一方面，厚度自动控制系统本身是一种复杂的多变量、强耦合、不确定的非线性系统，要想进一步提高带钢质量，需要对这个多变量非线性系统进行状态监测和故障识别。

在厚度自动控制系统中经常会出现各种故障，其中位移传感器故障、GM-AEC 失效故障及 M-AEC 失效故障是厚度自动控制系统最常见的故障。

位移传感器主要负责厚度自动控制系统位置环的反馈功能，若位移传感器失效，相当于位置环反馈环节反馈了错误的位置信号，这个错误的位置信号与给定的位置信号比较后必然会产生错误的输入伺服阀放大器的偏差信号，进而错误地调节压下液压缸的位置，影响压下轧制力、辊缝等一系列关键轧制参数，最终导致带钢轧出厚度异常。

GM-AEC 是将轧机机架本身作为测厚仪，结合对机架的辊缝和轧制力，通过模型来间接地对带钢厚度进行测量。在轧制的过程中，轧制力可由压力传感器测量出来，如果某一时刻某机架的 GM-AEC 失效，必然会导致该机架的辊缝实际轧制压力高于（或低于）实际需要的轧制力，使带钢的轧出厚度出现异常。

M-AEC 主要用来消除比较稳定的、变化较慢的厚差，同时也是对 GM-AEC 输出结果的一种监督和补偿。测厚仪安装在轧机机架的出口处，通过检测轧出厚度与厚度给定值偏差来进行缓慢调节。带钢从轧机中轧出后，通过测厚仪测出实际轧出的厚度并与设定的目标值比较，然后把厚度反馈给厚度自动控制装置，变换为辊缝调节量的控制信号，输出到液压压下系统做相应的调节，进而消除厚度偏差。若 M-AEC 失效，会使得带钢轧出厚度逐渐变厚或变薄，带钢厚度偏差逐渐变大。

本章选用了厚度自动控制系统作为分析对象，对书中提出的故障识别方法进行仿真研究，并通过对比实验说明所提出方法的有效性。实验数据选用本钢集团有限公司第三热连轧生产线场历史数据，表 7.1 列出了反映厚度自动控制系统状态的主要变量。

表 7.1　反映 AEC 系统状态的主要变量

变量序号	变量名称	单位
1～7	第 1～7 机架的轧制张力	kN
8～14	第 1～7 机架的轧制力偏差	kN
15～21	第 1～7 机架的上工作辊位置	mm

变量序号	变量名称	单位
22～28	第 1～7 机架的下工作辊位置	mm
29～35	第 1～7 机架的工作辊速度	m/s
36～42	第 1～7 机架的电机转矩	kN·m
43～49	第 1～7 机架的轧制力	kN
50～56	第 1～7 机架的弯辊力	kN
57	精轧入口带钢速度	m/s
58	精轧出口带钢速度	m/s
59	精轧出口带钢温度	℃
60	精轧入口带钢温度	℃

本章选取位移传感器故障（故障 1）、GM-AEC 失效故障（故障 2）和 M-AEC 失效故障（故障 3）三类故障，研究基于优化策略的 KFDA 状态监测和故障识别性能。

7.5.2　仿真结果与分析

本节着重对基于优化策略的 KFDA 方法进行实验仿真研究。首先对现场采集的数据进行整理，选取 1 组正常工况数据样本和 3 组故障数据样本进行训练，从而建立统计模型。接着选取 3 组不同类型的故障数据作为检测样本来验证故障识别方法的识别效果。每组数据为 400 个采样。对于检测样本，均在第 151 个采样点发生故障。本节设计了 4 个实验，以验证基于优化策略的 KFDA 状态监测和故障识别方法的有效性。

实验机器配置为 2048M 内存，Intel Core2 Duo CPU（2.0G），运行环境为 Windows XP，算法用 MATLAB2008b 编程实现。

本实验的主要参数设置见表 7.2，其余参数设定可参照文献[204]。

表 7.2　BBO 和改进 BBO 算法参数设置

参数	设定值
种群大小 NP	100
迁入率最大值 I	1.0
迁出率最大值 E	1.0
最大突变率 m_{max}	0.005
迭代步数	100

1. 验证核函数参数优化和特征样本对故障识别性能的影响

本实验的目的是验证核函数参数优化和特征样本选取对基于优化策略的

KFDA 方法状态监测和故障识别性能的影响，研究了同时优化核函数参数与选取特征样本和只对其中一种进行优化选取的情况。每种实验的仿真均独立运行 10 次，并取其平均值（下同）。故障识别结果如表 7.3 所示。

表 7.3　核参数和特征样本对故障识别性能的影响

	核函数	故障 1 识别精度	故障 2 识别精度	故障 3 识别精度	训练时间/s	在线识别时间/s	特征样本个数
特征样本选择	混合核函数	0.985	0.943	0.845	342.5	3.3	96
	多项式核函数	0.970	0.927	0.730	289	2.9	87
	径向基核函数	0.978	0.938	0.689	307.2	3.2	92
无特征样本选择	混合核函数	0.993	0.950	0.710	163.5	6.5	400
	多项式核函数	0978	0.935	0.770	124	5.4	400
	径向基核函数	0.983	0.960	0.638	138.3	5.3	400

　　对核函数参数和特征样本同时优化时，三种核函数提取的特征样本个数分别为 96、87 和 92，在进行核运算时，核矩阵的维数分别是 96×96、87×87 和 92×92，远小于未进行特征样本选择的核矩阵的维数（400×400），因此计算复杂度较低。需要说明的是，特征样本选择需要更多的离线建模时间，但在线诊断所需时间却能大幅度降低，而且特征故障识别率并没有因为只选取部分特征样本而降低。因此同时优化核函数参数与特征样本的策略不但提高了在线识别的实时性，而且具有较高的识别精度。

　　而且，从表 7.3 中我们可以看出，进行特征样本选择后，采用混合核函数的基于优化策略的 KFDA 故障识别精度高于使用多项式核函数和径向基核函数的情况。

　　因此，我们可以得出结论，同时对混合核函数参数优化和特征样本选取的基于优化策略的 KFDA 故障识别方法性能是最优的。后面进行的实验都采用混合核函数进行参数优化和特征样本选取。

2. 验证基于 IBBO 优化策略的 KFDA 非线性特征提取性能

　　利用基于 IBBO 优化策略的 KFDA 方法进行状态监测和故障识别之前，先要验证基于 IBBO 优化策略的 KFDA 方法对非线性数据的特征提取能力。给定三种故障数据和一种正常工况下数据，首先用基于 BBO 优化策略的 KFDA 方法提取数据最优和次优的核费希尔判别向量，然后将数据投影到两个判别向量方向上，得到数据在高维空间中核费希尔第一和第二特征向量的分散图，如图 7.4 所示。从图 7.4 可以看出只有故障 1 的数据被有效地区分开，正常数据、故障 2 和故障 3 的数据并没有被有效区分开。图 7.5 是利用基于 IBBO 优化策略的 KFDA 方法得到核费希尔第一和第二特征向量的分散图。从图中可以看出，基于 IBBO 优化策略的 KFDA 方法可以将四种不同类型数据最大程度的分离。

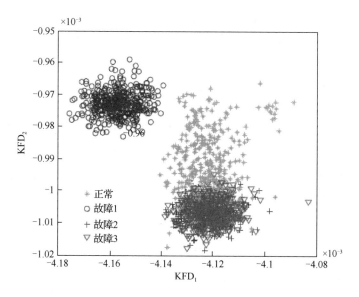

图 7.4　基于 BBO 优化策略的 KFDA 方法的高维空间中核费希尔特征向量分散图

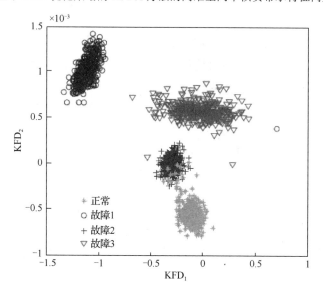

图 7.5　基于 IBBO 优化策略的 KFDA 方法的高维空间中核费希尔特征向量分散图

3. 验证基于 IBBO 优化策略的 KFDA 方法状态监测和故障识别性能

在线过程监测时，可以利用 IBBO 算法优化得到核函数参数及特征样本子空间，求取正常训练数据集之间的核费希尔特征向量的欧氏距离，然后根据核密度估计方法确定其置信度为 99%的控制限 D^*。图 7.6 是故障 1 的在线监测图，从图中可以看出，基于 IBBO 优化策略的 KFDA 方法的距离统计量 D 显著增加，在第 152 个采样时刻距离统计量超出了 99%置信度的控制限，可以认为有故障发生。

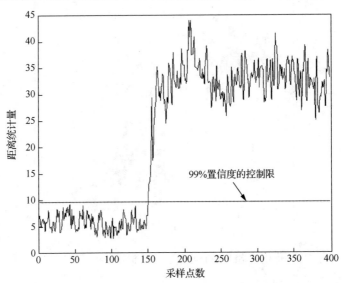

图 7.6　故障 1 情况下基于 IBBO 优化策略的 KFDA 方法在线监测图

　　图 7.7、图 7.8 和图 7.9 分别是基于 BBO 优化策略的 KFDA 方法、基于 PSO 优化策略的 KFDA 方法，以及基于 GA 优化策略的 KFDA 方法的在线监测图。为了比较四种方法的状态监测和故障识别性能，在离线建模和在线故障识别时，都使用同样的数据。从图 7.7 的监控图可以看出，当故障在第 151 个采样点处发生故障时，基于 BBO 优化策略的 KFDA 方法的距离统计量 D 虽然有显著增加，但并没有超出 99%置信度的控制限，直到第 216 个采样点处才超出 99%置信度的控制限，比实际故障滞后了 65 个采样点。图 7.8 是基于 PSO 优化策略的 KFDA 方法的在线监测图，从图中可以看出，当故障在第 151 个采样点处发生故障时，未能有效的监测出过程发生的变化。直到第 202 个采样点处距离统计量才有明显的增加，在第 220 个采样点处超出 99%置信度的控制限，比实际发生故障滞后了 69 个采样点。而基于 GA 优化策略的 KFDA 方法的距离统计量 D 虽然在故障发生时有增加的趋势，但很快又落回原来的位置，直到第 312 个采样点处距离统计量才超出 99%置信度的控制限（图 7.9）。因此，基于 IBBO 优化策略的 KFDA 方法能实时有效的监测到故障，且监测性能优于其他方法。

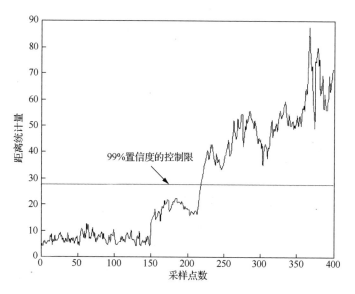

图 7.7 故障 1 情况下基于 BBO 优化策略的 KFDA 方法在线监测图

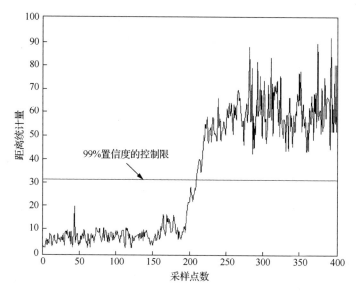

图 7.8 故障 1 情况下基于 PSO 优化策略的 KFDA 方法在线监测图

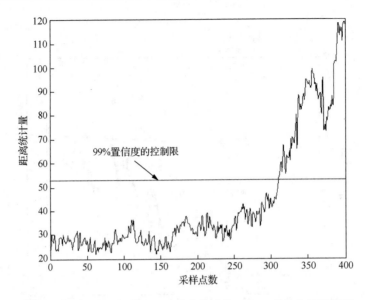

图 7.9　故障 1 情况下基于 GA 优化策略的 KFDA 方法在线监测图

　　当监测到故障之后，接下来需要判断故障类型。本书采用最优核费希尔判别向量的相似度分析判别故障类型。表 7.4 为四种方法的最优费希尔判别向量对故障 1 的相似度分析。根据从图中可以看出，四种方法获取的最优费希尔判别向量均与故障 1 的相似度系数值最大，可以判断为位置传感器故障，而基于 IBBO 优化策略的 KFDA 方法的相似度大于其他方法的相似度，说明基于 IBBO 优化策略的 KFDA 方法故障识别性能更优。

表 7.4　不同算法对故障 1 的识别结果比较

方法	故障 1 相似度数值	故障 2 相似度数值	故障 3 相似度数值
IBBO-KFDA	0.984	0.112	0.128
BBO-KFDA	0.953	0.200	0.251
PSO-KFDA	0.931	0.479	0.335
GA-KFDA	0.923	0.235	0.390

　　4. 验证基于 IBBO 优化策略的 KFDA 方法的最优适应值收敛性能

　　为了研究基于 IBBO 优化策略的 KFDA 方法的收敛性能，本实验同样使用基于 BBO 优化策略的 KFDA 方法、基于 PSO 优化策略的 KFDA 方法和基于 GA 优化策略的 KFDA 方法对训练数据进行仿真研究，其收敛特性如图 7.10 所示。从图中可以看出在训练最初期，基于 IBBO 优化策略的 KFDA 方法的收敛速度与其他算法的收敛速度没有太大的差别，但是随着迁移的进行，基于 IBBO 优化策略的 KFDA 方法明显比其他算法收敛速度快，并最先到达全局最优值，这进一步验证了基于 IBBO 优化策略的 KFDA 方法具有更强的利用能力和搜索能力。

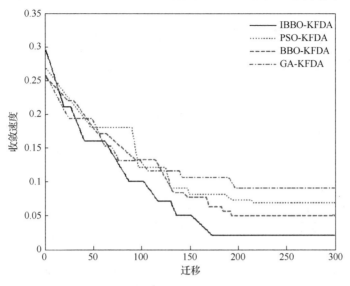

图 7.10　基于 IBBO、BBO、PSO 和 GA 优化策略的 KFDA 方法的仿真研究收敛曲线

7.6　本 章 小 结

在使用 KFDA 方法对非线性数据进行状态监测和故障识别时，经常会出现核函数的选取不合理及核矩阵的计算量过大，从而导致状态监测的实时性和故障识别的精度都无法满足要求。本书在分析核函数的优化和特征样本选取关系的基础上，引入混合核函数，采用 IBBO 算法同时优化核函数参数和选取特征样本，有效地得到最优核参数和特征向量，并将得到的最优核参数和特征样本进行 KFDA 统计建模、状态监测和故障识别。

为了验证基于 IBBO 优化策略的 KFDA 方法状态监测和故障识别有效性，本章对轧钢过程中的厚度自动控制系统的三种故障进行研究，设计了四个仿真研究实验，分别从核函数参数优化和特征样本选择、非线性特征提取、状态监测和故障识别及收敛性能四个方面进行了研究。实验结果表明，基于 IBBO 优化策略的 KFDA 方法可以得到最优的核函数参数和最有代表性的特征样本，从而提高核矩阵计算效率和故障识别精度。

第 8 章　基于非线性特征提取和回归的故障诊断与质量预报

8.1　引　　言

在轧钢过程中，部分产品的质量指标很难在线得到，通常需要间接计算或者经过质量分析实验室的各种测试，才能获得。因此，轧钢过程的产品质量监控具有严重的时间滞后性，无法在当前时刻给轧钢过程控制系统反馈质量信息，这个问题已经成为轧钢过程工业质量控制领域的瓶颈[1]。但是，轧钢过程却可以轻松地在线测量绝大多数过程变量，譬如压力、温度、轧辊速度等。这些可高频采集的过程变量测量值，除了含有反映过程运行状态的丰富信息外，也蕴含着间歇过程最终产品的质量信息。我们可以从轧钢过程的历史操作数据中追寻过程变量测量值和产品质量测量值之间的具体关系，通过研究过程变量的变化分析并预测最终产品的质量情况[209]。

目前，现有的质量预报方法可大致分成基于解析模型的方法和基于多元统计回归方法。基于解析模型的方法需要准确的过程机理，而获取过程机理模型需要耗费大量的时间和资源。尤其对于轧钢过程这种具有复杂的非线性、多尺度、动态时变特性的工业过程，很难建立精确的解析模型，基于机理模型的在线质量预报方法并不可行[1]。相比之下，基于多元统计回归方法，如 PCR[210]、PLS[211]等，因其不需要详细的过程运行机理，且容易获取过程变量中丰富的产品质量信息，已成为当前质量预报领域研究的热点。与 PCR 等预测方法相比，PLS 在选取特征向量时强调输入对输出的解释预测作用，能消除对回归无益的噪声，具有更好的预测鲁棒性和稳定性，因此 PLS 和其改进算法在质量预报领域中得到了广泛应用[212,213]。

针对 PLS 方法无法处理工业过程中数据变量存在非线性关系的问题，Kim 等[137]、Rosipal[214]引进核计算方法，提出 KPLS 方法，将数据之间的非线性关系在高维空间中线性近似表示，然后用 PLS 进行线性回归，很好地解决了质量预报的非线性问题。在此基础上，Zhang 等[215]改进了 KPLS 方法，使 KPLS 回归模型具有更高的精度。

但是 PLS 及其改进方法都是基于数据驱动的方法，对回归建模的数据质量有很高的要求，而现场数据由于受噪声影响或者过程故障等原因的影响，不可避免地存在异常。用这些非正常数据进行建模，必将导致回归模型不准确，质量预报将会出现较大的偏差。而且，如果轧钢过程发生故障，不仅产品质量难以保证，整个设备都可能损坏。因此，在回归模型建立之前，有必要监测轧钢过程的状态。Zhang 等[209]针对工业过程的状态监测和质量估计问题，提出了一种基于 FDA 和核回归的质量监控和估计方法，利用 FDA 方法对输入数据进行在线监测，用核回归方法进行质量预报。FDA 方法是一种线性方法，如果过程数据之间存在非线性关系，FDA 便无法准确判断过程的状态，将导致故障诊断和质量预报的准确率降低。Postma 等[216]和杨辉华等[217]指出 KPLS 具有非线性特征提取能力，可以在解决非线性问题的同时，降低样本空间的维数，消除数据的噪声和相关性。

　　本章结合 KPLS 方法的非线性特征提取和回归，以及 FDA 方法的故障诊断优势，提出基于非线性特征提取和回归的故障诊断与质量预报方法。用 KPLS 对数据进行特征提取，消除数据的噪声和相关性，提取具有代表性的潜变量作为 FDA 的输入，解决了过程数据非线性问题的同时也提高了计算效率。然后用 FDA 建立 KPLS 的内部模型，监测过程状态，判断是否有故障产生。如果有故障发生，判断故障类型；否则，用 KPLS 非线性回归思想，对产品质量进行预报。最后，通过对轧钢过程的质量预报仿真研究，验证了基于非线性特征提取和回归的故障诊断与质量预报方法的有效性。

8.2　基于核偏最小二乘的非线性特征提取和回归

8.2.1　基于核偏最小二乘的非线性特征提取

　　KPLS 方法能有效地消除数据之间的冗余和相关性，提取包含主要数据信息的非线性特征潜变量[218]。给定过程变量数据矩阵 $X = [x_1, x_2, \cdots, x_n] \in R^{n \times N}$ 和质量变量数据矩阵 $Y \in R^{n \times M}$（n 为采样个数，N 为变量个数，M 为质量变量）。KPLS 特征提取的主要步骤如下：

　　（1）利用非线性映射函数 $\Phi: R \to F$，将过程变量数据向量 $x_k (k = 1, 2, \cdots, n)$ 映射到特征空间 $F: \Phi(x_k)$ 中；

　　（2）随机初始化 u，u 为质量变量数据矩阵 Y 的得分向量；

　　（3）$t = \Phi\Phi^{\mathrm{T}} u, t \leftarrow t / \|t\|$，$t$ 为过程变量数据矩阵 X 的得分向量；

　　（4）$q = Y^{\mathrm{T}} t$，q 为 Y 的负荷向量；

　　（5）$u = Yq, u \leftarrow u / \|u\|$；

　　（6）重复步骤 3 到步骤 6，直至收敛；

　　（7）$Y: \Phi\Phi^{\mathrm{T}} \leftarrow (\Phi - tt^{\mathrm{T}}\Phi)(\Phi - tt^{\mathrm{T}}\Phi)^{\mathrm{T}}, Y \leftarrow Y - tt^{\mathrm{T}}Y$。

通过引入核函数 $K_{ij} = K(x_i, x_j) = \Phi(x_i)^{\mathrm{T}}\Phi(x_j)$（本书选取高斯径向基函数），

避免了隐函数的非线性映射以及在特征空间两者点积的复杂计算。得到 $\Phi\Phi^{T} = K \in R^{n\times n}$ 矩阵，即

$$K \leftarrow (I - tt^{T})K(I - tt^{T}) = K - tt^{T}K - Ktt^{T} + tt^{T}Ktt^{T} \tag{8.1}$$

式中，I 为 n 维单位矩阵。

最后得到 p 个具有代表性的潜变量，从而实观测数据矩阵的特征提取。

8.2.2　基于核偏最小二乘的非线性回归

KPLS 非线性回归直接利用以上步骤抽取的特征进行回归分析。KPLS 非线性回归系数矩阵形式可表示为

$$B = \Phi^{T}U(T^{T}KU)^{-1}T^{T}Y \tag{8.2}$$

训练数据的预测值可以表示为

$$\hat{Y}_{\text{train}} = \Phi B = KU(T^{T}KU)^{-1}T^{T}Y = TT^{T}Y \tag{8.3}$$

利用回归系数矩阵，就可得到测试数据 $X_{\text{test}} = [x_{t1}, x_{t2}, \cdots, x_{tn_t}]$ 的预测值，其中，tn_t 为测试数据的采样个数。

$$\hat{Y}_{\text{test}} = \Phi_t B = K_t U(T^{T}KU)^{-1}T^{T}Y \tag{8.4}$$

式中，Φ_t 是测试数据的映射函数；$K_t \in R^{n_t\times n}$ 为测试核矩阵；$K = K(x_i, x_j)$，其中，$x_i \in X_{\text{test}}$ 和 $x_j \in X$ 分别为测试数据和训练数据；U 为 T 的特征对角阵；Y 为质量函数。

由于上面算法都是在假设映射数据为零均值的情况下推导的，但实际上由于没有显式的映射函数 Φ，不能直接去均值。因此在应用 KPLS 之前，应先对高维空间的核矩阵中心化。中心化方法如下：

$$K = \left(I - \frac{1}{n}1_n 1_n^{T}\right)K\left(I - \frac{1}{n}1_n 1_n^{T}\right) \tag{8.5}$$

$$K_t = \left(K_t - \frac{1}{n}1_{n_t}1_n^{T}K\right)\left(I - \frac{1}{n}1_n 1_{n_t}^{T}\right) \tag{8.6}$$

式中，I 为 n 维单位方阵；1_n 和 1_{n_t} 分别表示长度为 n 和 n_t 的单位向量。

8.3　费希尔判别分析方法介绍

FDA 是一种用于降低特征空间维数的模式分类方法，它可以最大程度地将各类数据分离开[75]。设 $X \in R^{n\times N}$ 是一组由 n 个采样和 N 个测量变量构成的数据样本集，它包括有 p 类数据，n_j 为第 j 类观测值的个数。$x_i \in R^{N\times 1}$ 是 X 的第 i 行的转置。

首先定义以下两个矩阵：类内离散度矩阵及类间离散度矩阵。类内离散度矩

阵为

$$S_{\mathrm{w}} = \sum_{i=1}^{p} S_i \tag{8.7}$$

式中，$S_i = \sum_{x_i \in X_j} (x_i - \overline{x}_j)(x_i - \overline{x}_j)^{\mathrm{T}}$，其中，$\overline{x}_j$ 是类 j 的均值向量。

类间离散度矩阵为

$$S_{\mathrm{b}} = \sum_{j=1}^{p} n_j (\overline{x}_j - \overline{x})(\overline{x}_j - \overline{x})^{\mathrm{T}} \tag{8.8}$$

式中，$\overline{x} = \dfrac{1}{n} \sum_{i=1}^{n} x_i$ 为总体样本的平均值向量。

利用 FDA 方法解决分类问题是通过寻找最优的投影向量以满足最大化类间离散度，同时最小化类内离散度，即对目标函数（即费希尔准则函数）求得最优的费希尔投影向量，其目标函数为

$$J(w) = \frac{w^{\mathrm{T}} S_{\mathrm{b}} w}{w^{\mathrm{T}} S_{\mathrm{w}} w} \tag{8.9}$$

式中，w 即为所求的最优判别向量。它等价于求解如下广义特征值问题：

$$S_{\mathrm{b}} w = \lambda S_{\mathrm{w}} w \tag{8.10}$$

从而求出特征值的最大值 λ_{opt} 和其对应的最优特征向量 w_{opt}。

FDA 方法的原理和具体实现步骤见第 7 章。

8.4　基于偏最小二乘方法结合费希尔判别分析的方法

8.4.1　质量预报中核偏最小二乘与费希尔判别分析的关系

KPLS 作为一种特征提取方法，可以提取具有代表性的潜变量作为模型输入，再建立 FDA 模型，求出满足最大分离度的判别向量和对应的特征向量。通过计算测试数据最优特征向量和训练数据的判别得分之间的欧氏距离实现状态监测，如果监测出故障，用最优判别向量鉴别故障类型；否则，使用 KPLS 回归模型进行质量预报[139]。

在本章提出的质量预报模型中，KPLS 用来对过程数据进行特征提取和正常工况的质量预报，FDA 用来对过程进行状态监测和故障识别。基于非线性特征提取和回归的故障诊断与质量预报流程如图 8.1 所示。

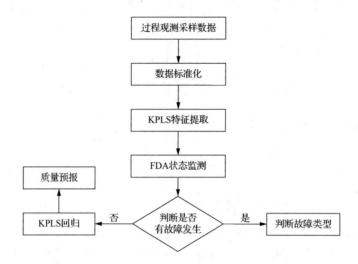

图 8.1　基于非线性特征提取和回归的故障诊断与质量预报流程图

8.4.2　基于非线性特征提取和回归的故障诊断与质量预报统计建模

　　基于非线性特征提取和回归的故障诊断与质量预报模型是以 KPLS 方法和 FDA 方法为基础提出的，它包括 KPLS 模型和 FDA 模型两个模型。KPLS 模型用于提取少数代表性潜变量，实现特征提取，并将提取的非线性特征进行 FDA 变换，得到最优特征向量，利用距离作为统计量，通过比较当前数据集和历史数据集之间的最优特征向量的欧氏距离进行状态监测。如果无故障发生，用 KPLS 并对质量变量进行非线性回归，实现质量预报；如果有故障发生，进一步识别故障类型。基于非线性特征提取和回归的故障诊断与质量预报模型的基本原理框图如图 8.2 所示，它与 KPLS 方法的根本区别在于基于非线性特征提取和回归的故障诊断与质

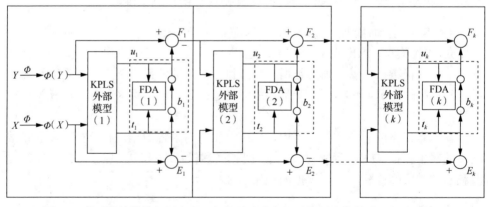

图 8.2　基于非线性特征提取和回归的故障诊断与质量预报模型的基本原理框图

$F_1, F_2, \cdots, F_k$ 表示质量变量数据 Y 与 KPLS-FDA 预测值之间的误差；
$E_1, E_2, \cdots, E_k$ 表示过程变量数据 X 与 KPLS-FDA 预测值之间的误差

量预报模型用线性回归和 FDA 并行建立 KPLS 的内部模型。该方法通过 KPLS 提取过程的非线性特征信息，使用 FDA 方法实现输入和输出得分向量的类间离散度的最大化和类内离散度的最小化，得到最优特征向量，从而构建基于非线性特征提取和回归的故障诊断与质量预报统计模型。

建立过程监测模型的首要任务就是求取监控统计量和监控指标。通过基于非线性特征提取和回归的故障诊断与质量预报方法计算历史故障数据中的最优判别向量和测试数据的最优判别向量，求出相似度，从而实现故障诊断。

通过 KPLS 提取正常工况训练数据和各故障类别数据的非线性特征，利用 FDA 建模，计算出最优的判别向量，分别为 $w_{\mathrm{opt}}^0, w_{\mathrm{opt}}^1, w_{\mathrm{opt}}^2, \cdots, w_{\mathrm{opt}}^p$，其中 p 为故障类的个数。训练数据的最优判别向量和新采样数据的最优判别向量分别为

$$\xi_{\mathrm{train}} = w_{\mathrm{opt}}^{\mathrm{T}} \times T_{\mathrm{train}} \tag{8.11}$$

$$\xi_{\mathrm{test}} = w_{\mathrm{opt}}^{\mathrm{T}} \times T_{\mathrm{test}} \tag{8.12}$$

式中，T_{train} 和 T_{test} 分别为 KPLS 提取的训练数据和测试数据的得分矩阵。

最优特征向量之间的欧氏距离为

$$D_{\mathrm{new}} = \| \xi_{\mathrm{train}} - \xi_{\mathrm{test}} \| \tag{8.13}$$

监控统计控制限 D^* 可以通过核密度估计的方法确定[201]。当计算出的统计量 D_{new} 大于控制限 D^* 时，则判定有故障产生。需要对故障进行诊断，判断故障类型。本书利用相似度系数 S_i 来判别故障类型。S_i 可通过式（8.14）计算：

$$S_i = \frac{(w_{\mathrm{opt}}^{\mathrm{new}})(w_{\mathrm{opt}}^i)^{\mathrm{T}}}{\left\| w_{\mathrm{opt}}^{\mathrm{new}} \right\| \cdot \left\| w_{\mathrm{opt}}^i \right\|} \tag{8.14}$$

式中，$w_{\mathrm{opt}}^{\mathrm{new}}$ 是当前测试数据提取出的最优判别向量；w_{opt}^i 为历史故障数据集中第 i 个故障的最优判别向量。

判断故障类型的方法是计算当前数据的最优判别向量 w_{opt} 与所有类型故障的最优判别向量 w_{opt}^i 之间的相似度，并求出相似度的最大值 S_k。如果该值接近于 1，则判断为第 k 类故障；如果该值小于 0.5，则表示该故障为新的未知故障，并将该过程数据的最优判别向量和得分矩阵存储到数据库中，作为新的历史故障数据。

如果 D_{new} 未超限，则使用 KPLS 进行质量预报。对于质量数据矩阵 Y 的非线性回归采用与 FDA 建模并行处理的方式。

8.4.3　算法流程

基于非线性特征提取和回归的故障诊断与质量预报方法分为离线统计建模和在线预测两部分。

基于非线性特征提取和回归的故障诊断与质量预报方法的离线统计建模步骤如下。

（1）给定正常工况下过程变量数据 $X=[x_1,x_2,\cdots,x_n]\in R^{n\times N}$、质量变量数据矩阵 $Y\in R^{n\times M}$，以及 p 类历史故障数据 $X_1,X_2,\cdots,X_p\in R^{m\times N}$，$Y_1,Y_2,\cdots,Y_p\in R^{m\times M}$，其中 N 为过程变量个数，n 为采样个数，m 为采样个数，M 为质量变量个数。

（2）通过第 7 章提出的改进 BBO 优化算法选取最优的核函数和核参数。

（3）通过 KPLS 分别提取正常工况数据和故障数据的非线性特征 T 和 U。并通过式（8.3）求出训练数据的质量预报值 $\hat{Y}_{\text{train}}$。

（4）利用 FDA 求出正常工况下采样数据及 p 类历史故障数据满足最大分离度的最优判别向量 $w_{\text{opt}},w_{\text{opt}}^1,w_{\text{opt}}^2,\cdots,w_{\text{opt}}^p$，根据式（8.11）计算出训练数据的最优判别向量 ξ_{train}。

（5）通过核密度估计求出控制限 D^*。

基于非线性特征提取和回归的在线质量预报步骤如下。

（1）在线采集新样本数据 X_{new}，通过已经选择好的非线性的核函数将新采样数据映射到高维特征空间，得到新的核采样数据集 $K_{X_{\text{new}}}$。

（2）根据式（8.12）计算新采样数据的判别得分向量 ξ_{test}。

（3）通过式（8.14）计算新采样数据最优特征向量 ξ_{test} 与训练数据最优特征向量 ξ_{train} 之间的欧氏距离 D_{new}。

（4）比较欧氏距离 D_{new} 和监控控制限 D^*，如果 $D_{\text{new}}>D^*$，即新的采样数据超出控制限，则有故障产生，则根据式（8.14）判别故障类型；如果 $D_{\text{new}}<D^*$，即新的采样数据未超出控制限，则表示无故障产生，需要对产品质量进行预测。

8.5　仿　真　实　例

8.5.1　概述

在轧钢过程中，反映轧钢过程的过程变量众多，有 200 多个，包括温度、压力、速度、液压参数、张力、转矩及电参数等，这些变量相互影响，存在冗余和相关性。同时轧钢过程是个非常典型的复杂非线性工业过程，过程变量之间存在很强的非线性关系，其控制过程非常复杂，对板形、厚度和宽度这类质量指标的监控虽然有相应的仪表，但由于生产过程极其复杂，这类仪表只能安装在精轧机架出口，存在一定的滞后。因此，在线反馈控制较困难，需要对带钢的质量进行在线预报。

由于带钢厚度是反映产品质量的重要指标，而且厚度往往难以及时获得，因而选取带钢厚度作为模型的输出变量，并选取反映热连轧过程的包括各机架的张力、轧制力及转矩等 60 个关键变量作为模型的输入变量，见 7.5.1 节。

在热连轧过程中，带钢的厚度波动主要的动态表现是轧制力的波动，而引起轧制力波动的原因比较复杂，影响因素有很多，如轧件温度波动、来料厚度变化、带钢温度变化、轧辊辊缝变化、轧制速度变化、轧制时的张力及金属变形抗力变化。

如第 5 章所述，在轧钢过程中，GM-AEC 失效故障和 M-AEC 失效故障是很严重的故障，GM-AEC 失效故障会导致该机架的轧制力与带钢实际需要的轧制力之间存在偏差，进而影响带钢出口厚度，表现为带钢出口厚度波动增大，严重时甚至导致堆钢或断带故障。监控厚度自动控制失效故障将导致带钢出口厚度偏差变大。因此，本章使用基于非线性特征提取和回归的在线质量预报方法实现对 GM-AEC 失效故障（故障 1）和 M-AEC 失效故障（故障 2）的监测和识别。

8.5.2 仿真结果与分析

采集正常工作状态下的 400 组过程变量数据 $X_{\text{train}}^{400 \times 77}$ 和质量变量数据 $Y_{\text{train}}^{400 \times 1}$ 组成正常训练样本矩阵。选取 GM-AEC 失效故障（故障 1）和监控厚度自动控制失效故障（故障 2）两类故障组成故障训练样本矩阵，并采集包含故障 1 和故障 2 状态下的 300 个采样数据作为故障诊断和质量预报测试样本。故障 1 的测试样本为 T^2 统计量和 $Y_{\text{fault1}}^{300 \times 1}$，故障 2 的测试样本为 $X_{\text{fault2}}^{300 \times 77}$ 和 $Y_{\text{fault2}}^{300 \times 1}$，故障均在第 101 个采样时刻引入。

为了验证基于非线性特征提取和回归的故障诊断与质量预报方法的分类性能，我们使用基于非线性特征提取和回归的故障诊断与质量预报方法、FDA 和核回归的质量监控及 KFDA 三种方法对训练数据集中正常工况数据和故障数据进行建模，并求出各自的最优和次优判别向量，然后将训练数据投影到判别向量方向上，分别得到数据的第一和第二特征向量的分散图，图 8.3、图 8.4 和图 8.5 分别是利用基于非线性特征提取和回归的故障诊断与质量预报方法、基于 KFDA 的方法和基于 FDA 和核回归的质量监控方法得到的第一和第二特征向量的分散图。其中，核函数选用混合核函数，采用改进 BBO 算法优化核参数。从图 8.3 中可以看出，基于非线性特征提取和回归的故障诊断与质量预报方法可以有效地提取非线性特征向量，将不同类型的数据最大程度的分离。而基于 KFDA 的方法能基本上实现三类数据的分离，但是有一定的交叠（图 8.4）。从图 8.3 中可以看出，基于 FDA 和核回归的质量监控的方法只能将正常工况数据区分开，无法将故障 1 和故障 2 的数据有效的区分开。这主要是基于 FDA 和核回归的质量监控的方法未能考虑轧钢过程数据的非线性特点。

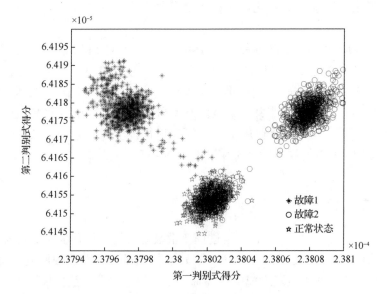

图 8.3 基于非线性特征提取和回归的故障诊断与质量预报方法的费希尔特征向量分散图

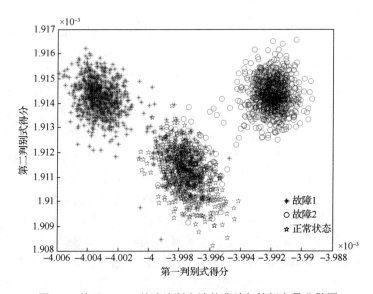

图 8.4 基于 KFDA 故障诊断方法的费希尔特征向量分散图

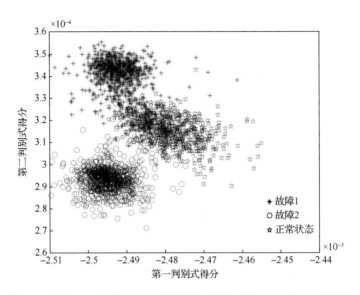

图 8.5 　基于 FDA 和核回归的质量监控方法的费希尔特征向量分散图

三种方法对训练数据的误分类率如表 8.1 所示。

表 8.1 　三种方法对训练数据的误分类率 　　　　　单位：%

方法	误分类率
基于非线性特征提取和回归的方法	2.8
基于 KFDA 的方法	5.9
基于 FDA 和核回归的方法	13.6

在线监测时，建立正常工况的基于非线性特征提取和回归的质量预报方法的统计模型，得到 24 个特征向量，求出最优特征向量，最后利用基于非线性特征提取和回归的故障诊断与质量预报方法求出测试数据的最优特征向量，并求出距离统计量。为了验证基于非线性特征提取和回归的故障诊断与质量预报方法的状态监测能力，以故障 1 为例，我们将基于非线性特征提取和回归的故障诊断与质量预报方法与基于 KPCA 的状态监测方法、基于 KFDA 的状态监测方法以及基于 FDA 和核回归的质量预报方法状态监测时的监测结果进行比较。其监测结果如图 8.6～8.9 所示。

从图 8.6 中可以看出，基于非线性特征提取和回归的故障诊断与质量预报方法在第 103 个采样时刻距离统计量超出了监测控制限。图 8.7 是基于 KPCA 的状态监测方法的状态监测效果图，从图中可以看出，基于 KPCA 的状态监测方法的 T^2 统计量和 SPE 统计量对故障不敏感，只有部分时刻超过控制限。基于 KFDA 的状态监测方法在第 108 个采样时刻超过控制限，但却不具有基于非线性特征提取和回归的故障诊断与质量预报方法距离统计量的持续性（图 8.8）。图 8.9 中的

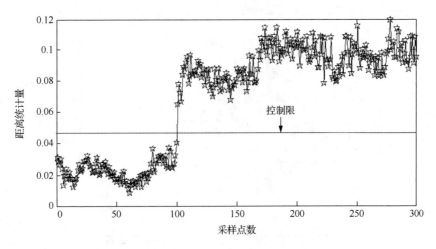

图 8.6　基于本书方法的故障诊断与质量预报的欧氏距离统计量对故障 1 的状态监测效果

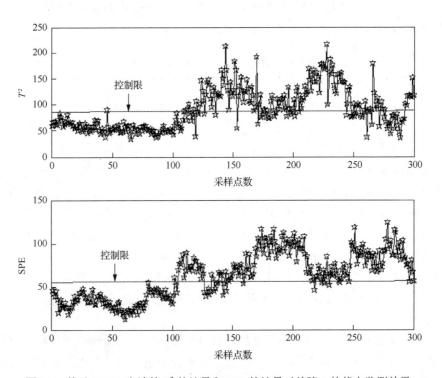

图 8.7　基于 KPCA 方法的 T^2 统计量和 SPE 统计量对故障 1 的状态监测效果

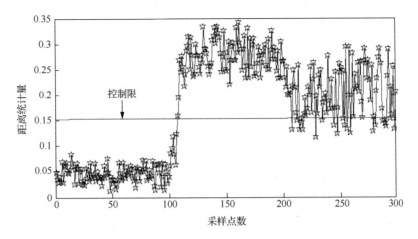

图 8.8　基于 KFDA 方法的欧氏距离 D_{new} 统计量对故障 1 的状态监测效果

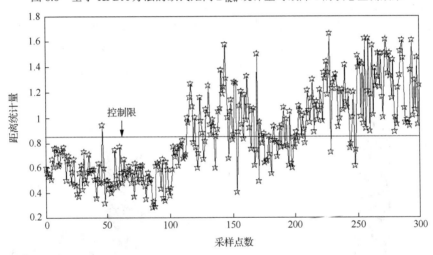

图 8.9　基于 FDA 和核回归方法的欧氏距离 D_{new} 统计量对故障 1 的状态监测效果

基于 FDA 和核回归的质量预报方法距离统计量无法有效地检测出故障,误检率和漏检率最高。从提取的特征向量个数来考虑,前三种方法都采用了核方法,大大增加了数据的维数,所以选择的特征向量个数都大于基于 FDA 和核回归方法特征向量个数;而在三种核方法中,基于非线性特征提取和回归的故障诊断与质量预报方法因为采用了特征提取方法,所以选取的特征向量个数最少,仅比基于 FDA 和核回归方法选取的特征向量个数多 5 个(后者的特征向量个数为 19),因此非线性特征提取和回归的故障诊断与质量预报方法在线监测的实时性并没有受到太大的影响。从对故障的灵敏程度来考虑,基于非线性特征提取和回归的故障诊断与质量预报方法的距离统计量对故障最敏感,其次为基于 KFDA 的距离统计量,而基于 FDA 和核回归方法的敏感性最差。从故障显示的持续性来说,基于非线性特征提取和回归的故障诊断与质量预报方法的距离统计量能将故障持续显示到过程结束，提供持续的故障指示，而其他方法都不具有非线性特征提取和回归的故障诊断与质量预报方法的距离统计量的持续性。另外，基于 KPCA 方法在实时监测时，需要 T^2 统计量和 SPE 统计量的监控图，而其他三种方法只需一个监控统计量的监控图，能更直接有效地监测到故障。综上所述，基于非线性特征提取和回归的故障诊断与质量预报方法能实时有效地监测到故障，且监测性能优于其他三种方法。

　　当监测到故障之后，需要判断故障类型和引起故障的原因。采用最优核费希尔判别向量的相似度分析判别故障类型。图 8.10 为基于非线性特征提取和回归的故障诊断与质量预报方法、基于 FDA 和核回归方法的最优费希尔判别向量对故障 1 的相似度分析，图中 1、2、3 分别表示 GM-AGC 失效故障（故障 1）、M-AEC 失效故障（故障 2）和正常状态。从图中可以看出，两种方法获取的最优费希尔判别向量与故障 1 的相似度系数值最大，可以判断为 GM-AEC 失效故障，而基于非线性特征提取和回归的故障诊断与质量预报方法的相似度大于基于 FDA 和核回归方法的相似度，说明基于非线性特征提取和回归的故障诊断与质量预报方法有更好的故障诊断性能。

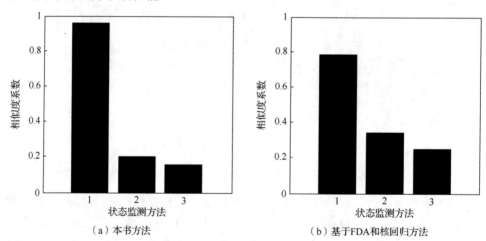

（a）本书方法　　　　　　　　　　　　（b）基于FDA和核回归方法

图 8.10　本书方法（a）和基于 FDA 和核回归方法（b）的判别向量对故障 1 的相似度分析

　　如果基于非线性特征提取和回归的故障诊断与质量预报方法未监测到故障，则使用非线性回归模型对质量指标进行预报。本书采用测试数据的前 100 个正常工况下的采样数据验证提出方法的质量预报性能，作为比较，并与本书用相同的数据对基于 FDA 和核回归方法的质量预报方法进行仿真，并比较其性能比较。基于非线性特征提取和回归的故障诊断与质量预报方法和基于 FDA 和核回归方法的质量预报方法的产品质量（带钢出口厚度）预报结果如图 8.11 和图 8.12 所示。

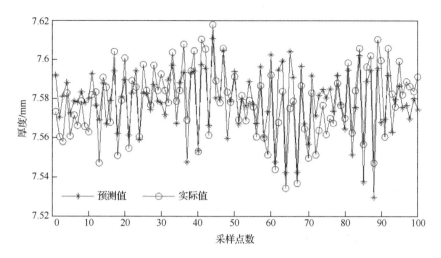

图 8.11　基于非线性特征提取和回归的故障诊断与质量预报方法的带钢厚度预测曲线

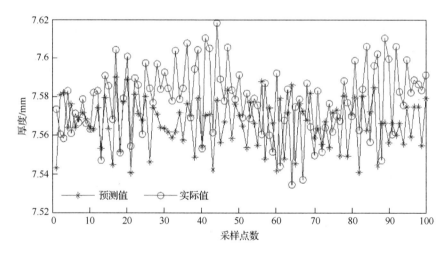

图 8.12　基于 FDA 和核回归的质量预报方法的带钢厚度预测曲线

从图 8.11 可以看出，基于非线性特征提取和回归的故障诊断与质量预报方法的预测值虽然没有完全与实测值重合，但是预测的趋势和实测值是基本相同的。而在图 8.12 中，基于 FDA 和核回归质量预报方法的预测值趋势与实测值不能很好地吻合。图 8.13 和图 8.14 显示了两种方法的预测误差，从图中可以看出，基于非线性特征提取和回归的故障诊断与质量预报方法的预测值与实际值的预测误差较小。

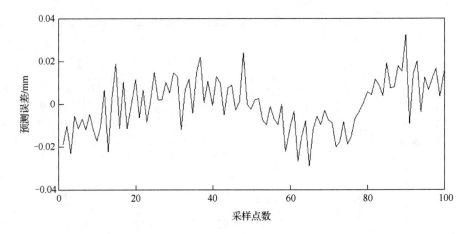

图 8.13   基于非线性特征提取和回归的故障诊断与质量预报方法的带钢厚度预测值与实际值的
预测误差比较曲线

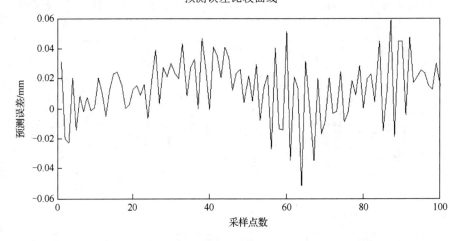

图 8.14   基于 FDA 和核回归的质量预报方法的带钢厚度预测值与实际值的预测误差比较曲线

8.6   本 章 小 结

  针对轧钢过程产品质量无法在线测量的问题，本章根据过程变量和质量变量之间的关系，结合 KPLS 方法的非线性特征提取和质量预报优势及 FDA 方法的过程监控优势，提出一种基于非线性特征提取和回归的故障诊断和质量预报方法。首先用 KPLS 对数据进行特征提取，消除数据的噪声和相关性，解决了非线性特征提取问题的同时也提高了计算效率。然后用 FDA 建立 KPLS 的内部模型，监测过程状态，判断是否有故障产生。如果有故障发生，用 FDA 判断故障类型；否则，用非线性回归思想，对产品质量进行预报。最后，将基于非线性特征提取和回归的故障诊断与质量预报方法应用于轧钢过程。仿真结果表明当轧钢过程有故障发生时，本章提出的方法可以有效地监测并识别出故障；当轧钢过程状态运行正常时，本章提出的方法可以精确地预测带钢厚度，从而提高了轧钢过程的生产效率和产品质量，具有广泛的推广价值和应用意义。

参 考 文 献

[1] 石怀涛. 基于多元统计分析的轧钢过程故障诊断与质量预报研究[D]. 沈阳: 东北大学, 2012.

[2] 石怀涛, 宋文丽, 袁哲, 等. 轧钢机状态监测与故障诊断技术[J]. 控制工程, 2015(增刊 1): 82-88.

[3] 牛征. 基于多元统计分析的火电厂控制系统故障诊断研究[D]. 保定: 华北电力大学, 2006.

[4] 李龙. 基于动态主元分析的自适应故障诊断方法研究[D]. 沈阳: 东北大学, 2011.

[5] 宋石尧. 基于观测器的 ESP 故障诊断[D]. 长春: 吉林大学, 2015.

[6] 何永健. 基于多块 PLS 的故障检测方法研究[D]. 沈阳: 东北大学, 2015.

[7] Bergman S. Fault detection in boiling water reactors by noise analysis[J]. IEEE Transactions on Power Systems, 1983, 1(3): 1-20.

[8] Gale K W, Watton J. A real-time expert system for the condition monitoring of hydraulic control systems in a hot steel strip finishing mill[J]. Journal of Systems and Control Engineering, 1999, 213(5): 359-374.

[9] Svolou A, Hudak J. An expert system prototype for fault diagnosis in a rolling mill[C]. IEEE Industry Applications Society Annual Meeting in Conference Record, Atlanta, 1987, 10: 18-23.

[10] Zhong J, Wang Z M, Wang Q, et al. An intelligent monitoring and fault detection and diagnosis system in steel rolling mill[C]. IEEE International Conference on Industrial Technology in Proceedings of the (ICIT'96), Shanghai, 1996, 12: 2-6.

[11] Yao L, Postlethwaite I, Browne W, et al. Design of implementation and testing of an intelligent knowledge-based system for the supervisory control of hot rolling mill[J]. Journal of Process Control, 2005, 15(6): 615-628.

[12] 汪曙峰. 棒材精轧线故障诊断专家系统[D]. 武汉: 武汉科技大学, 2007.

[13] 袁林忠, 陈宝薇, 李焱华. 冷轧机液压故障诊断专家系统的关键技术研究[J]. 机床与液压, 2008, 36(9): 160-162.

[14] Maurya M R, Rengaswamy R, Venkatasubramanian V. Application of signed digraphs-based analysis for fault diagnosis of chemical process flowsheets[J]. Engineering Applications of Artificial Intelligence, 2004, 17(5): 501-518.

[15] Sung J A, Chang J L, Jung Y, et al. Fault diagnosis of the multi-stage flash desalination process based on signed digraph and dynamic partial least square[J]. Desalination, 2008, 228(1): 68-83.

[16] Vedam H, Venkatasubramanian V. Signed digraph based multiple fault diagnosis[J]. Computers & Chemical Engineering, 1997, 21(21): 655-660.

[17] Caceres S, Chemistry F. Process failure analysis by block diagrams and fault trees[J]. Industrial & Engineering Chemistry Fundamentals, 1976, 21(2): 137-150.

[18] 初晓旭, 李国康, 黄志坚. 带钢轧机液压 AGC 系统故障树分析[J]. 重型机械, 2009(4): 46-49.

[19] 蔡德辉. 轧制过程中张力控制系统的远程监测及诊断研究[D]. 广州: 广东工业大学, 2004.

[20] 谭树彬. 轧机厚控系统状态监测与故障诊断的研究与应用[D]. 沈阳: 东北大学, 2006.

[21] 丁贤林, 吴百海, 龙建军, 等. 案例推理在大型轧钢活套液压系统故障诊断中的应用[J]. 机床与液压, 2003(5): 247-249.

[22] 苏显. 基于案例推理的轧机故障诊断系统[D]. 广州: 广东工业大学, 2005.

[23] 金婷婷. 基于改进的 KICA 与 FDA 工业过程故障诊断方法的研究[D]. 沈阳: 东北大学, 2012.

[24] 韩振蛟. 安钢高线轧机在线监测与故障诊断系统研究[D]. 郑州: 郑州大学, 2006.

[25] 陈玉良. 基于灰色理论的液压设备故障诊断[J]. 液压与气动, 2005(7): 73-75.

[26] 丁敬国. 中厚板轧制过程软测量技术的研究与应用[D]. 沈阳: 东北大学, 2009.

[27] 张延华. 智能化信息处理在中厚板生产过程应用的研究[D]. 沈阳: 东北大学, 2005.

[28] 李敬民, 唐广波, 刘正东, 等. 灰色关联分析在 CSP 热连轧组织性能预报系统中的应用[J]. 冶金自动化, 2007, 31(4): 18-22.

[29] 王姝. 基于数据的间歇过程故障诊断及预测方法研究[D]. 沈阳: 东北大学, 2010.

[30] 肖冰. 执行器故障的航天器姿态容错控制[D]. 哈尔滨: 哈尔滨工业大学, 2014.

[31] Venkatsubramanian V, Rengaswamy R, Yin K, et al. A review of process fault detection and diagnosis, part I: Quantitative model-based methods [J]. Computers & Chemical Engineering, 2003, 27(3): 293-311.

[32] Lou X. Fault detection and diagnosis for rolling element bearing[D]. Cleveland: Case Western Reserve University, 2000.

[33] Afshari N. Model-based techniques for real-time fault detection of rolling element bearings[D]. Cleveland: Case Western Reserve University, 1998.

[34] Gu D W, Wahpoon F. A robust fault-detection approach with application in a rolling-mill process[J]. IEEE Transactions on Control Systems Technology, 2003, 11(3): 408-414.

[35] Theilliol D. Design of a fault diagnosis system based on a bank of filter-observers with application to a hot rolling mill[J]. Transactions of the Institute of Measurement and Control, 2010, 32(3): 265-285.

[36] Dong M, Liu C. Design of fault diagnosis observer for HAGC system on strip rolling mill[J]. Journal of Iron and Steel Research International, 2006, 13(4): 27-31.

[37] Dong M, Liu C, Li G Y. Robust fault diagnosis based on nonlinear model of hydraulic gauge control system on rolling mill[J]. IEEE Transactions on Control Systems Technology, 2010, 18(2): 510-515.

[38] 张新荣. 基于 PCA 的连续过程性能监控与故障诊断研究[D]. 无锡: 江南大学, 2008.

[39] 何宁. 基于 ICA-PCA 方法的流程工业过程监控与故障诊断研究[D]. 杭州: 浙江大学, 2004.

[40] 张芮. 热连轧主传动设备状态监测与故障诊断系统的设计及应用[J]. 冶金自动化, 2008, 32(3): 65-68.

[41] 罗忠辉. 大型薄板坯热连轧机异常振动与故障监测研究[D]. 广州: 广东工业大学, 2005.

[42] 高立新, 张建宇, 崔玲丽, 等. 高线轧机典型故障的时频特征分析[J]. 钢铁, 2005, 40(9): 41-44.

[43] 张建宇, 高立新, 丁庆新, 等. 高线轧机机械传动系统典型故障解析[J]. 冶金设备, 2005(3): 4-6.

[44] 常瑜. 宝钢 2050 热连轧机组 F_1、F_4 机座扭振分析[D]. 秦皇岛: 燕山大学, 2006.

[45] 卢卫萍. 基于小波神经网络的齿轮箱故障诊断研究[D]. 秦皇岛: 燕山大学, 2009.

[46] 孙美红. 多尺度方法在连续过程多变量监测中的应用研究[D]. 北京: 北京化工大学, 2009.

[47] 郭明. 基于数据驱动的流程工业性能监控与故障诊断研究[D]. 杭州: 浙江大学, 2004.

[48] 谭逢友, 卢宏伟, 刘成俊, 等. 信息融合技术在机械故障诊断中的应用[J]. 重庆大学学报, 2006, 29(1): 15-18.

[49] Valet L, Mauris G, Bolon P. A statistical overview of recent literature in information fusion[C]. Proceedings of in the Third International Conference on Fusion Information, Paris, 2000: 1453-1459.

[50] 董敏. 基于数据融合的 HAGC 系统故障多判据诊断研究[D]. 秦皇岛: 燕山大学, 2006.

[51] 葛芦生, 张英杰, 刘亮, 等. 热轧机组运行状态非线性相关约束分析[J]. 控制理论与应用, 2002, 19(3): 411-414.

[52] Zhang J. Improved on-line process fault diagnosis through information fusion in multiple neural networks[J]. Computers & Chemical Engineering, 2006, 30(3): 558-571.

[53] Wu X, Zhao D A, Guo J L, et al. Research on the abrasive water-jet cutting machine information fusion fault diagnosis system based on fuzzy neural network[C]. International Conference on Biomedical Engineering and

Computer Science (ICBECS), Wuhan, 2010: 2132-2136.

[54] 汪志锋. 生物发酵过程状态预报与性能监控研究[D]. 上海: 上海交通大学, 2007.

[55] Rumelhart D E, Hinton G E, Williams R J. Learning internal representations by error propagation[M]. Cambridge: MIT Press, 1988.

[56] Vapnik V. Three fundamental concepts of the capacity of learning machines[J]. Physica A Statistical Mechanics & Its Applications, 1993, 200(1-4): 538-544.

[57] 于功敬, 史慧, 孟汉城. 神经元网络故障诊断技术的发展和应用[J]. 国外电子测量技术, 2000, 6(12): 30-32.

[58] 袁曾任. 人工神经网络及其应用[M]. 北京: 清华大学出版社, 1999.

[59] Sorsa T, Koivo H N. Application of artificial neural networks in process fault diagnosis[J]. Automatica, 1999, 29(4): 843-849.

[60] Gu J, Rui Y, Jiang X M, et al. Fault diagnosis for highspeed rod-rolling mill using networks[C]. In proceedings of WMSCI, Orlando, 2006: 2132-2136.

[61] 但斌斌, 何义文, 马乾. 基于神经网络的高线中轧电机故障诊断的研究[J]. 机电工程技术, 2009, 17(7): 51-52.

[62] 董敏, 刘才, 李国友, 等. 轧机液压 AGC 系统基于神经网络的传感器故障诊断技术[J]. 钢铁, 2005, 40(5): 45-48.

[63] 谭树彬, 刘建昌, 钟云峰, 等. 基于神经网络的电液伺服阀故障诊断[J]. 仪器仪表学报, 2006, 27(增刊 1): 401-403.

[64] Marcu T, Birgit K S, Reinhard S. Design of fault detection for a hydraulic looper using dynamic neural networks[J]. Control Engineering Practice, 2008, 16(2): 192-213.

[65] 姜斌, 冒泽慧, 杨浩, 等. 控制系统的故障诊断与故障调节[M]. 北京: 国防工业出版社, 2009.

[66] Jia R J, Xu C X. Mechanical fault diagnosis and signal feature extraction based on fuzzy neural network[C]. Proceedings of the 27th Chinese Control Conference, Kunming, 2008, 3: 234-237.

[67] Jiang D X, Li K, Zhao G, et al. Application of fuzzy SOFM neural network and rough set theory on fault diagnosis for rotating machinery[C]. Advances in Neural Networks, Chongqing, 2005: 561-566.

[68] Castejón C, Lara O, GarcíaPrada J C. Automated diagnosis of rolling bearings using MRA and neural networks[J]. Mechanical Systems & Signal Processing, 2010, 24(1): 289-299.

[69] Nandi S, Kulkarni S G, Chaudhary A K, et al. Modeling and monitoring of batch processes using principal component analysis (PCA) assisted generalized regression neural networks (GRNN)[J]. Biochemical Engineering Journal, 2004, 18(3): 193-210.

[70] Achmad W, Eric Y K, Son J D. Fault diagnosis of low speed bearing based on relevance vector machine and support vector machine[J]. Expert Systems with Applications, 2009, 36(13): 7252-7261.

[71] Ignacio Y, Escudero G, Moisès G, et al. Performance assessment of a novel fault diagnosis system based on support vector machines[J]. Computers & Chemical Engineering, 2009, 33(1): 244-255.

[72] Shi H T, Liu J C, Tan S B, et al. Application for fault diagnosis of loopers based on evolutionary KPCA-LSSVM[C]. Proceedings of the World Congress on Intelligent Control and Automation (WCICA), Jinan, 2010: 5861-5865.

[73] 陈杨. 基于支持向量机预报模型的 CVC 轧机板形智能控制系统[J]. 机械设计与制造, 2008(11): 120-122.

[74] Liu Y J, Zhang X Q. Rotating machinery fault diagnosis based on support vector machine[C]. International Conference on Intelligent Computing and Cognitive Informatics (ICICCI), Kuala Lumpur, 2010: 1597-1601.

[75] Zhao L L, Yang K H. Application of wavelet packet analysis and improved LSSVM on rotating machinery fault diagnosis[C]. Proceedings Workshop on Power Electronics and Intelligent Transportation System, Washington D.C., 2008: 261-265.

[76] 张飞, 郭强, 申屠南凯. 基于 PLS 的热连轧过程故障检测与诊断[J]. 轧钢, 2008, 25(6): 45-49.

[77] Achmad W, Yang B S, Han T. Combination of independent component analysis and support vector machines for intelligent faults diagnosis of induction motors[J]. Expert Systems with Applications, 2007, 32(2): 299-312.

[78] 王峻峰. 基于主分量、独立分量分析的盲信号处理及应用研究[D]. 武汉: 华中科技大学, 2005.

[79] Kano M, Nakagawa Y. Data-based process monitoring, process control, and quality improvement: Recent developments and applications in steel industry[J]. Computers & Chemical Engineering, 2008, 32(1): 12-24.

[80] He Q P, Qin S J, Wang J. A new fault diagnosis method using fault directions in Fisher discriminant analysis[J]. AIChE Journal, 2010, 51(2): 555-571.

[81] 蒋浩天, 段建民. 工业系统的故障检测与诊断[M]. 北京: 机械工业出版社, 2003.

[82] Kramer M A. Nonlinear principal component analysis using autoassociative neural networks[J]. AIChE Journal, 1991, 37(2): 233-243.

[83] Qin S J, McAvoy T J. Nonlinear PLS modeling using neural networks[J]. Computers & Chemical Engineering, 1992, 16(4): 379-391.

[84] Lee J M, Yoo C K, Choi S W, et al. Nonlinear process monitoring using kernel principal component analysis[J]. Chemical Engineering Science, 2004, 59(1): 223-234.

[85] Zhang Y W, Li H Q. The fault monitoring and diagnosi based on KPLS[C]. Proceedings of 21st Chinese Control and Decision Conference, Guilin, 2009 (1-6): 5299-5303.

[86] Lee J M, Qin S J, Lee I B. Fault detection of non-linear processes using kernel independent[J]. Canadian Journal of Chemical Engineering, 2007, 85(4): 526-536.

[87] Li J H, Cui P. Improved kernel fisher discriminant analysis for fault diagnosis[J]. Expert Systems with Applications, 2009, 36(2): 1423-1432.

[88] Ku W F, Storer R H, Georgakis C. Disturbance detection and isolation by dynamic principal component analysis[J]. Chemometrics and Intelligent Laboratory Systems, 1995, 30(1): 179-196.

[89] Bakshi B R. Multiscale PCA with application to multivariate statistical process monitoring[J]. AIChE Journal, 2010, 44(7): 1596-1610.

[90] Birjandi P, Datcu M. Multiscale and dimensionality behavior of ICA components for satellite image indexing[J]. IEEE Geoscience & Remote Sensing Letters, 2010, 7(1): 103-107.

[91] Choi S W, Lee I B. Nonlinear dynamic process monitoring based on dynamic kernel PCA[J]. Chemical Engineering Science, 2004, 59(24): 5897-5908.

[92] 张颖伟, 刘强, 张杨. 基于 DKPLS 的非线性过程故障检测[J]. 华中科技大学学报(自然科学版), 2009(增刊 1): 58-61.

[93] 李磊, 朱建宁, 侍洪波. 基于多尺度动态核主元分析的化工过程故障检测[J]. 化工自动化及仪表, 2008, 35(4): 23-26.

[94] Zhang Y, Ma C, Teng Y. Fault diagnosis of nonlinear processes using multiscale kernel partial least squares[J]. Chemical Engineering Science, 2010, 12(3): 17-23.

[95] Zhang Y W, Zhou H, Qin S J, et al. Decentralized fault diagnosis of large-scale processes using multiblock kernel partial least squares[J]. IEEE Transactions on Industrial Informatics, 2010, 6(1): 3-10.

[96] 吴冰. 基于 ICA 和小波变换的过程监测方法的研究[D]. 沈阳: 东北大学, 2008.

[97] 王若飞. 湿法冶金浸出过程监测与故障追溯[D]. 沈阳: 东北大学, 2012.

[98] 何泳辉. 湿法冶金过程监测半实物仿真平台设计与实现[D]. 沈阳: 东北大学, 2013.

[99] 高清华. 新型大气数据传感系统故障自诊断关键技术研究[D]. 北京: 北京理工大学, 2016.

[100] 许恒, 李锋. 多变量统计过程控制的现状与展望[J]. 江苏广播电视大学学报, 2006, 17(3): 55-57.

[101] 胡晓英. 数字化核级设备的开发及过程监控[D]. 上海: 上海交通大学, 2007.

[102] 石怀涛, 刘建昌, 张羽, 等. 基于相对变换 PLS 的故障检测方法[J]. 仪器仪表学报, 2012, 33(4): 816-822.

[103] 石怀涛, 周乾, 王雨桐, 等. 基于相对变换的 ICA 故障检测方法[J]. 电子测量与仪器学报, 2017, 31(7): 1040-1046.

[104] 焦国帅, 孔金生. 轧钢复杂工业生产过程产品质量建模研究[D]. 郑州: 郑州大学, 2009.

[105] 邹志云, 刘燕军, 刘兴红, 等. 精细化工过程控制技术的重要发展趋势[J]. 冶金自动化, 2011, 35(5): 11-16.

[106] 周东华, 胡艳艳. 动态系统的故障诊断技术[J]. 自动化学报, 2009, 35(6): 748-758.

[107] Tang J Z, Wang Q F. Online fault diagnosis and prevention expert system for dredgers[J]. Expert Systems with Applications, 2008, 34(1): 511-521.

[108] Qian Y, Xu L, Li X X, et al. LUBRES: An expert system development and implementation for real-time fault diagnosis of a lubricating oil refining process[J]. Expert Systems with Applications, 2008, 35(3): 1252-1266.

[109] 陆宁云. 间歇工业过程的统计建模、在线监测和质量预测[J]. 自动化学报, 2009, 35(6): 748-758.

[110] 赵旭. 基于统计学方法的过程监控与质量控制研究[D]. 上海: 上海交通大学, 2006.

[111] 胡友强. 数据驱动的多元统计故障诊断及应用[D]. 重庆: 重庆大学, 2010.

[112] 石向荣. 面向过程监控的非线性特征提取方法研究[D]. 杭州: 浙江大学, 2014.

[113] 刘宇航. 基于主成分分析的故障监测方法及其应用研究[D]. 上海: 华东理工大学, 2012.

[114] 陈景霞. MSPCA 在多元统计过程监测中的应用研究[D]. 北京: 北京化工大学, 2004.

[115] 胡友强, 柴毅, 李鹏华. 在线多尺度滤波多变量统计过程的适时监测[J]. 重庆大学学报, 2010, 33(6): 128-133.

[116] 袁青云. 基于多变量统计方法的控制系统性能评价方法的研究[D]. 沈阳: 东北大学, 2010.

[117] 滕建. 基于 ICA 的工业过程监控技术研究[D]. 北京: 北京化工大学, 2005.

[118] 冯淑敏. 基于多元统计的复杂工业过程监测方法研究[D]. 沈阳: 东北大学, 2011.

[119] 马驰. 基于数据的故障检测方法的研究与应用[D]. 沈阳: 东北大学, 2011.

[120] 施健. 工业过程统计建模与监控方法研究[D]. 杭州: 浙江大学, 2006.

[121] 杨洁. 基于 MKICA-PCA 的间歇过程故障监测[D]. 沈阳: 东北大学, 2010.

[122] 张洪. 基于多元统计方法的连续重整装置的性能监控和优化[D]. 无锡: 江南大学, 2006.

[123] 王龙娜. 动态工业过程的故障诊断方法研究[D]. 沈阳: 东北大学, 2014.

[124] 彭永华. ICA 算法在射频系统中的应用研究[D]. 长沙: 湖南大学, 2012.

[125] 钱君秀. 基于独立分量分析的化工过程故障诊断研究[D]. 兰州: 兰州理工大学, 2012.

[126] 李凤召. 加热炉钢坯温度建模及过程模拟[D]. 沈阳: 东北大学, 2008.

[127] 胡胜. 基于数据挖掘的质量过程诊断建模[D]. 重庆: 重庆理工大学, 2013.

[128] 吴立洲. 基于核 Fisher 判别法的空调系统传感器故障诊断研究[D]. 上海: 上海交通大学, 2007.

[129] 蒋丽英. 基于 FDA/DPLS 方法的流程工业故障诊断研究[D]. 杭州: 浙江大学, 2005.

[130] 马彩君. 基于数据分析的传感器故障诊断方法研究[D]. 青岛: 中国石油大学, 2007.

[131] 朱宇涵. 基于 DDAG 的 FDA 故障诊断方法研究与应用[D]. 沈阳: 东北大学, 2010.

[132] Jackson J E, Mudholkar G S. Control procedures for residuals associated with principal component analysis[J]. Technometrics, 1979, 21(3): 341-349.

[133] Lu N, Wang F, Gao F. Combination method of principal component and wavelet analysis for multivariate process monitoring and fault diagnosis[J]. Industrial & Engineering Chemistry Research, 2003, 42(18): 4198-4207.

[134] 张杰, 阳宪惠. 多变量统计过程控制[M]. 北京: 化学工业出版社, 2000.

[135] Box G. Some theorems on quadratic forms applied in the study of analysis of variance problems, I. effect of

inequality of variance in the one-way classification[J]. The Annals of Mathematical Statistics, 1954, 25(2): 290-302.

[136] Miller P, Swanson R E, Heckler C E. Contribution plots: A missing link in multivariate quality control[J]. Applied Mathematics and Computer Science, 1998, 8(4): 775-792.

[137] Kim K, Lee J M, Lee I B. A novel multivariate regression approach based on kernel partial least squares with orthogonal signal correction[J]. Chemometrics & Intelligent Laboratory Systems, 2005, 79(1): 22-30.

[138] Chiang L H, Russell E L, Braatz R D. Fault detection and diagnosis in industrial systems[M]. London: Springer-Verlag London Limited, 2001.

[139] 石怀涛, 刘建昌, 谭帅, 等. 基于混合 KPLS-FDA 的过程监控和质量预报方法[J]. 控制与决策, 2013, 28(1): 141-146.

[140] 王超. 冷轧过程断带故障的诊断研究[J]. 仪表技术, 2014(9): 16-20.

[141] 文成林, 胡静, 王天真, 等. 相对主元分析及其在数据压缩和故障诊断中的应用研究[J]. 自动化学报, 2008, 34(9): 1128-1139.

[142] 张妮. 基于流形特征提取的化工过程故障诊断方法研究[D]. 青岛: 中国石油大学, 2013.

[143] 张羽. PLS 及其改进方法在轧制过程故障诊断中的应用研究[D]. 沈阳: 东北大学, 2009.

[144] 文贵华. 面向机器学习的相对变换[J]. 计算机研究与发展, 2008, 45(4): 612-618.

[145] Wen G H, Jiang L J, Wen J. Local relative transformation with application to isometric embedding[J]. Pattern Recognition Letters, 2009, 30(3): 203-211.

[146] 岩小明, 李夕兵, 陈祥云. 基于距离判别分析理论的露天矿边坡潜在破坏模式识别方法[J]. 中国安全科学学报, 2012, 22(8): 124.

[147] 蒋理. 人脸识别系统判别过程研究与实现[J]. 电子技术与软件工程, 2014(7): 91.

[148] 石凤学, 张涛, 张强, 等. 基于多元质量控制限的卷烟均质化评价方法研究[J]. 陕西科技大学学报, 2013, 31(1): 10-14.

[149] 任小康, 邓琳凯. 基于颜色聚类分割及改进的 FMM 算法的壁画修复[J]. 计算机工程与科学, 2014, 36(2): 298-302.

[150] 刘明术, 方宏彬, 张建, 等. 属性相似度在聚类算法中的有效性研究[J]. 计算机应用与软件, 2012, 29(9): 146-147.

[151] 徐宝国, 彭思, 宋爱国. 基于运动想象脑电的上肢康复机器人[J]. 机器人, 2011, 33(3): 307-313.

[152] 任江涛, 蔡远文, 史建伟, 等. 基于马田系统的设备健康监测技术研究[J]. 计算机测量与控制, 2012, 20(3): 77-80, 84.

[153] 凡少强, 王国胤, 李美争. 改进的知识特征驱动的任务分解模型[J]. 计算机科学, 2013, 41(3): 91-95.

[154] 刘子豪, 汪杭军. 基于 PCA+FisherTrees 特征融合的木材识别[J]. 林业科学, 2013, 49(6): 122-128.

[155] Banerjee A, Burlina P. Efficient particle filtering via sparse kernel density estimation[J]. IEEE Transactions on Image Processing, 2010, 19(9): 2480-2490.

[156] Shi H T, Liu J C, Zhang Y W. An optimized kernel principal component analysis algorithm for fault detection[C]. Ifac Safeprocess, Wuhan, 2009: 846-851.

[157] 丁昕苗, 郭文, 徐常胜. 基于黎曼流型度量的人工鱼群算法视觉跟踪[J]. 计算机科学, 2012, 39(5): 266-270.

[158] 于成学. 基于 "3S" 技术的生态安全评价研究进展[J]. 华东经济管理, 2013, 27(4): 149-154.

[159] 王力纬, 贾鲲鹏, 方文啸, 等. 基于马氏距离的硬件木马检测方法[J]. 微电子学, 2013, 43(6):817-820.

[160] 侯雨伸, 王秀丽. 气象过程信息挖掘与输电线路覆冰预测[J]. 西安交通大学学报, 2014, 48(6): 43-49.

[161] 宗鹏, 曾凤章. 基于马田系统的 Mahalanobis 距离选择[J]. 漯河职业技术学院学报, 2006, 5(2): 1-3.

[162] 王瑞杰, 冯雁, 龙小飞. 基于数据包负载的网络入侵检测[J]. 江南大学学报(自然科学版), 2007, 6(3):

271-274.

[163] 李晶, 任志远. GIS 支持下陕北黄土高原生态安全评价[J]. 资源科学, 2008, 30(5): 732-736.

[164] 胡洁. 高维数据特征降维研究综述[J]. 计算机应用研究, 2008, 25(9): 2601-2606.

[165] Ding S, Zhang P, Ding E, et al. On the application of PCA technique to fault diagnosis[J]. Tsinghua Science and Technology, 2010, 15(2): 138-144.

[166] Yin S, Zhu X, Kaynak O, et al. Improved PLS focused on key-performance-indicator-related fault diagnosis[J]. IEEE Transactions on Industrial Electronics, 2015, 62(3): 1651-1658.

[167] Chen M C, Hsu C C, Malhotra B, et al. An efficient ICA-DW-SVDD fault detection and diagnosis method for non-gaussian processes[J]. International Journal of Production Research, 2016, 54(17): 1-11.

[168] Ajami A, Daneshvar M. Data driven approach for fault detection and diagnosis of turbine in thermal power plant using independent component analysis[J]. Electrical Power & Energy Systems, 2012, 43(1): 728-735.

[169] Amari S. Natural gradient learning for over-and under-complete bases in ICA[J]. Neural Computation, 1999, 11(8): 1875-1883.

[170] Hyvärinen A, Oja E. A fast fixed point algorithm for independent component analysis[J]. Neural Computation, 1997, 9(7): 1483-1492.

[171] 张俊红, 李林洁, 马文朋, 等. EMD-ICA 联合降噪在滚动轴承故障诊断中的应用[J]. 中国机械工程, 2013, 24(11): 1468-1472.

[172] 徐春生. 弱信号检测及机械故障诊断系统研究[D]. 天津: 天津大学, 2008: 37-40.

[173] 朱培鑫. 基于振动信号的旋转机械故障特征提取方法研究[D]. 哈尔滨: 哈尔滨工程大学. 2014: 55-60.

[174] Sun Y, Wen G, Malhotra B. Cognitive gravitation model-based relative transformation for classification[J]. Soft Computing, 2017, 21(18): 5425-5441.

[175] 石怀涛, 刘建昌, 薛鹏, 等. 一种改进的马氏距离相对变换主元分析方法及其故障检测应用[J]. 自动化学报, 2013, 39(9): 1533-1542.

[176] Westerhuis J A, Kourti T, Macgregor J F. Analysis of multiblock and hierarchical PCA and PLS models[J]. Journal of Chemometrics, 2015, 12(5): 301-321.

[177] Qin S J, Valle S, Piovoso M J. On unifying multiblock analysis with application to decentralized process monitoring[J]. Journal of Chemometrics, 2001, 15(15): 715-742.

[178] Sang W C, Lee I B. Multiblock PLS-based localized process diagnosis[J]. Journal of Chemometrics, 2005, 15(3): 295-306.

[179] 汪海涛, 花静. 基于相对变换距离的半监督分类算法[J]. 计算机应用与软件, 2013, 30(6): 178-181.

[180] 文贵华, 朱劲锋, 陆庭辉. 基于认知几何的支持向量机分类[J]. 华南理工大学学报(自然科学版), 2008, 36(9): 1-5.

[181] 易淼, 刘小兰. 基于相对变换的半监督分类算法[J]. 计算机应用, 2011, 31(10): 2793-2795.

[182] 文贵华, 陆庭辉, 江丽君, 等. 基于相对流形的局部线性嵌入[J]. 软件学报, 2009, 20(9): 2376-2386.

[183] 李建宏. 基于数据监测的轧钢机械设备故障诊断[J]. 科学论坛, 2012(8): 61.

[184] 李小雁, 张文斌. 基于振动监测的设备故障诊断技术在大型轧钢机械上的应用[J]. 冶金丛刊, 2008(6): 24-29.

[185] Hyvärinen A, Oja E. Independent component analysis: Algorithms and applications[J]. Neural Networks, 2000, 13(4-5): 411-430.

[186] Lee J M, Yoo C K, Lee I B. Statistical process monitoring with independent component analysis[J]. Journal of Process Control, 2004, 14(5): 467-485.

[187] Schölkopf B, Smola A, Müller K R. Nonlinear component analysis as a kernel eigenvalue problem[J]. Neural

Computation, 1998, 10(5): 1299-1319.

[188] Hsu C C, Chen M C, Chen L S. A novel process monitoring approach with dynamic independent component analysis[J]. Control Engineering Practice, 2010, 18(3): 242-253.

[189] Stefatos G, Hamza A B. Dynamic independent component analysis approach for fault detection and diagnosis[J]. Expert Systems with Applications, 2010, 37(12): 8606-8617.

[190] Kruger U, George W, Zhou Y Q. Improved principal component monitoring of large-scale processes[J]. Journal of Process Control, 2004, 14(8): 879-888.

[191] 袁哲, 石怀涛. 基于分步动态核主元分析的故障诊断方法[J]. 沈阳建筑大学学报(自然科学版), 2013, 29(6): 1092-1097.

[192] Zhang Y W. Enhanced statistical analysis of nonlinear processes using KPCA, KICA and SVM[J]. Chemical Engineering Science, 2009, 64(5): 801-811.

[193] Odiowei P P, Cao Y. State-space independent component analysis for nonlinear dynamic process monitoring[J]. Chemometrics & Intelligent Laboratory Systems, 2010, 103(1): 59-65.

[194] Larimore W E. System identification, reduced-order filtering and modeling via canonical variate analysis[C]. American Control Conference, San Francisco, 1983: 445-451.

[195] Chiang L H, Russell E L, Braatz R D. Fault diagnosis in chemical processes using Fisher discriminant analysis, discriminant partial least squares, and principal component analysis[J]. Chemometrics & Intelligent Laboratory Systems, 2000, 50(2): 243-252.

[196] Chiang L H, Kotanchek M E, Kordon A K. Fault diagnosis based on fisher discriminant analysis and support vector machines[J]. Computers & Chemical Engineering, 2004, 28(8): 1389-1401.

[197] Mika S, Ratsch G, Weston J B, et al. Fisher discriminant analysis with kernels[J]. Proceedings of IEEE International Workshop on Neural Networks for Signal Processing IX, 1999(8): 41-48.

[198] Chapelle O, Vapnik V, Bousquet O, et al. Choosing multiple parameters for support vector machines[J]. Machine Learning, 2002, 46(1-3), 131-159.

[199] Chen B, Liu H, Bao Z. A kernel optimization method based on the localized kernel Fisher criterion[J]. Pattern Recognition, 2008, 41(3): 1098-1109.

[200] Pourbasheer E, Riahi S, Ganjali M R, et al. Application of genetic algorithm-support vector machine (GA-SVM) for prediction of BK-channels activity[J]. European Journal of Medicinal Chemistry, 2009, 44(12): 5023-5028.

[201] Zhang S T, Zhang K, Jiang J. Study of fault diagnosis method for three-phase high power factor rectifier based on PSO-LSSVM algorithm[C]. International Conference on Applied Superconductivity and Electromagnetic Devices, Chengdu, 2009: 221-224.

[202] Baudat G, Anouar F. Kernel-based methods and function approximation[C]. In Proceedings of International Conference on Neural Networks, Washington D.C., 2001: 1244-1249.

[203] Cui P L, Li J H, Wang G Z. Improved kernel principal component analysis for fault detection[J]. Expert Systems with Applications, 2008, 34(2): 1210-1219.

[204] Simon D. Biogeography-based optimization[J]. IEEE Transactions on Evolutionary Computation, 2008, 12(6): 702-713.

[205] 王存睿, 王楠楠, 段晓东, 等. 生物地理学优化算法综述[J]. 计算机科学, 2010, 37(7): 34-38.

[206] 张建科. 生物地理学优化算法研究[J]. 计算机工程与设计, 2011, 32(7): 2497-2500.

[207] Smits G F, Jordaan E M. Improved SVM regression using mixtures of kernels[C]. International Joint Conference on Neural Networks, New York, 2002: 2785-2790.

[208] Wang H, Rong Y, Cui J H, et al. Study on knowledge processing of fault diagnosis for hydraulic AGC system[C]. IEEE International Conference on Information Management and Engineering, Chengdu, 2010: 1024-1029.

[209] Zhang X, Ma S, Yan W W, et al. A novel systematic method of quality monitoring and prediction based on FDA and kernel regression[J]. Chinese Journal of Chemical Engineering, 2009, 17(3): 427-436.

[210] 肖冬, 杨英华, 毛志忠, 等. 基于改进 PCR 方法的加热炉钢温预报模型[J]. 信息与控制, 2005, 34(3): 340-343.

[211] Kresta J V, Marlin T E, Macgregor J F. Development of inferential process models using PLS[J]. Computers & Chemical Engineering, 1994, 18(7): 597-611.

[212] Tan S, Chen W D, Wang F L, et al. Property prediction using hierarchical regression model based on calibration original research article[J]. Journal of Iron and Steel Research (International), 2010, 17(8): 30-35.

[213] Li G, Liu B S, Qin S J, et al. Quality relevant data-driven modeling and monitoring of multivariate dynamic processes: The dynamic T-PLS approach[J]. IEEE Transactions on Neural Networks, 2011, 22(12): 2262-2271.

[214] Rosipal R. Kernel partial least squares for nonlinear regression and discrimination[J]. Neural Network World, 2003, 13(3): 291-300.

[215] Zhang Y W, Teng Y D, Zhang Y. Complex process quality prediction using modified kernel partial least squares[J]. Chemical Engineering Science, 2010, 65(6): 2153-2158.

[216] Postma G J, Krooshof P W T, Buydens L M C. Opening the kernel of kernel partial least squares and support vector machines[J]. Analytica Chimica Acta, 2011, 705(1-2): 123-134.

[217] 杨辉华, 王行愚, 王勇, 等. 基于 KPLS 的网络入侵特征抽取及检测方法[J]. 控制与决策, 2005, 20(3): 251-256.

[218] Rosipal R, Leonard J. Trdio D. Kernel partial least squares regression in reproducing kernel hilbert space[J]. Journal of Machine Learning Research, 2001, 2(35): 97-123.

编 后 记

《博士后文库》（以下简称《文库》）是汇集自然科学领域博士后研究人员优秀学术成果的系列丛书。《文库》致力于打造专属于博士后学术创新的旗舰品牌，营造博士后百花齐放的学术氛围，提升博士后优秀成果的学术和社会影响力。

《文库》出版资助工作开展以来，得到了全国博士后管委会办公室、中国博士后科学基金会、中国科学院、科学出版社等有关单位领导的大力支持，众多热心博士后事业的专家学者给予积极的建议，工作人员做了大量艰苦细致的工作。在此，我们一并表示感谢！

《博士后文库》编委会